并联冗余驱动电液振动台控制系统

沈　刚　主编

汤　裕　李　翔　副主编

科 学 出 版 社

北　京

内 容 简 介

本书提供了并联冗余驱动电液振动台的伺服控制系统、系统辨识及其前馈补偿控制、在线自适应控制方法以及离线补偿与在线自适应控制结合的复合控制方法，并结合六自由度八执行器冗余驱动的电液振动台进行了试验验证。

本书可供从事电液伺服控制系统研究的科研人员作为参考资料。

图书在版编目（CIP）数据

并联冗余驱动电液振动台控制系统/沈刚主编. —北京：科学出版社，2016.6

ISBN 978-7-03-049333-0

Ⅰ. ①并… Ⅱ. ①沈… Ⅲ. ①电液伺服系统–振动台–控制系统 Ⅳ. ①TH137.7

中国版本图书馆 CIP 数据核字（2016）第 151016 号

责任编辑：胡 凯 周 丹 / 责任校对：贾伟娟
责任印制：徐晓晨 / 封面设计：许 瑞

科学出版社出版
北京东黄城根北街 16 号
邮政编码：100717
http://www.sciencep.com

北京厚诚则铭印刷科技有限公司 印刷
科学出版社发行 各地新华书店经销

*

2016 年 6 月第 一 版 开本：B5（720×1000）
2020 年 4 月第三次印刷 印张：10
字数：200 000

定价：59.00 元

（如有印装质量问题，我社负责调换）

前　　言

冗余驱动指所使用的激振器数量多于控制自由度数量，冗余驱动电液系统隶属并联机器人领域，其典型装置为六自由度电液振动台，具有刚度大、承载能力强、结构比较简单、精度高、没有误差累积、易于控制等优点，主要用于模拟被试件所承受的振动或加载环境，考核被试件在振动或加载激励下保持原有性能的能力，被广泛应用于航空、航天、兵器、船舶及核工业等国防工业领域和汽车、建筑等民用工业部门。作者自攻读博士到从事科研教学工作，一直从事电液伺服控制系统方面的研究工作。

本书依托作者所攻读博士单位哈尔滨工业大学电液伺服仿真及试验系统研究所及作者工作单位多年来在电液伺服控制系统领域的研究背景和应用成果，并根据作者多年来从事并联冗余驱动电液振动台控制系统工作和研发经历，对电液伺服系统建模与仿真、离线补偿控制和在线自适应控制的研究成果进行了总结。基于本书作者多年来主持的多项课题研究、发表的论文和申请的专利，本书融合了电液伺服控制系统的最新成果，将系统辨识、逆模型设计、前馈补偿、自适应控制相结合，用于电液振动台的控制系统设计。

本书共有 8 章，主要分为四部分。第一部分为第 1 章绪论，对本书内容相关的电液振动台研制、关键技术和存在的科学问题进行综述，对本书组织结构进行介绍。第二部分为电液振动台的伺服控制系统，包括第 2 章并联冗余驱动电液振动台试验系统、第 3 章电液振动台系统模型、第 4 章并联冗余驱动电液振动台协调控制和第 5 章电液振动台伺服控制系统。第三部分为电液振动台的离线补偿控制研究，包括第 6 章电液振动台闭环传递函数辨识及逆模型设计和第 7 章电液振动台离线补偿控制。第四部分为第 8 章电液振动台在线自适应控制，包括电液振动台的在线自适应控制与基于离线补偿和在线自适应调节的复合控制。

本书的编写基于哈尔滨工业大学电液伺服仿真及试验系统研究所和机械工程江苏省优势学科建设平台多年来的研究成果的积累，得到作者所在研究团队的大力支持。本书的研究工作得到了作者主持的国家自然科学基金（项目批准号 51575511 和 51205392）和江苏高校优势学科建设工程资助。感谢作者博士生导师哈尔滨工业大学韩俊伟教授和从大成教授多年来的指导和帮助，感谢作者工作单位中国矿业大学朱真才教授对作者学术研究方向的导引和帮助。在此对作者指导的博士生李戈和臧万顺，硕士生侯冬冬、张丁龙、安昭辉、乔杰、张明飞、李丹丹、王雷、蔡强和朱鹏表示感谢，他们做了大量的编辑工作和试验验证，感谢他们对本书所做的贡献！

限于作者水平，书中不足之处在所难免，敬请各位专家和同行批评指正！

沈　刚

2016 年 4 月于徐州

目　录

第1章　绪　　论

1.1　课题来源及研究的目的和意义

本书来源于国家自然科学基金面上项目：基于振动与加载多元耦合的超冗余驱动电液系统协调控制研究（项目批准号：51575511）及机械工程江苏省优势学科建设平台的研究成果。

并联冗余驱动电液系统典型装置为六自由度电液振动台，该系统具有刚度大、承载能力强、结构比较简单、精度高、没有误差累积、易于控制等优点，主要用于模拟被试件所承受的振动或加载环境，考核被试件在振动激励下保持原有性能的能力。电液振动台作为关键的基础试验装备广泛应用于许多重要的工程领域以实现真实的环境模拟，如市政和建筑工程[1，2]；工程材料高频疲劳试验，汽车、行走机械的道路模拟试验[3，4]；水坝、高层建筑等大型工程的抗震试验等[5，6]。并联冗余驱动电液振动台试验系统是一项融合多学科的复杂系统，包括液压控制系统，机械设计理论及技术，控制系统的总体技术研究，电液伺服控制、振动控制算法，及其软件及硬件电路实现等。

本书主要研究并联冗余驱动电液振动台系统，实现振动力学环境模拟，考核被试件在振动环境作用下的性能，为科研人员提供可靠的试验数据，解决大型工程中关键构件和材料试验测试问题。然而，并联冗余驱动振动台的各伺服作动器之间存在强耦合现象以及整个系统频宽较低问题，因此，将开展并联冗余驱动电液振动台的液压模型、内力解耦控制、协调控制、前馈补偿控制以及自适应在线控制研究，提高振动环境模拟精度。

1.2　国内外多轴振动台发展现状及分析

振动模拟技术主要研究各种振动环境及诱发振动环境的人工再现技术，是环境模拟与仿真试验的一种。目前，该技术广泛应用于航天、航空、兵器、船舶、核工业等国防工业领域和汽车、建筑等民用工业部门[7，8]。

1.2.1　多轴振动台的分类

目前，常用的多轴振动台从驱动方式上可分为电液振动台和电动振动台两大类。多轴电液振动台由多个电液伺服阀控制的液压作动器构成，其主要工作原理：

用户将期望信号经过一定的算法处理后产生所需的电控驱动信号，然后经放大器转化为电流信号对电液伺服阀进行激励，伺服阀把与驱动信号成比例的液压油输入液压缸中，以驱动活塞并带动台面运动产生期望的振动模拟。其主要技术特点：加速度频率范围一般为 0.1～100Hz，或更高；振动位移的峰-峰值一般为 50～250mm，如有需要可提高到 500mm 以上；激振力达数百千牛顿以上，台面负载达数十吨。由于该振动台易于自动控制和多台并激，其主要应用范围是系统级或大型部件的多轴低频大位移振动试验，如地震模拟。

多轴电动振动台利用经改装的标准电动振动台组合而成。它的主要工作原理：通电导体处在恒定磁场中将受到力的作用，当导体通以交变电流时将产生振动。振动台的驱动线圈正是处在一个高磁感应强度的空隙中，当需要的振动信号从振动控制器产生并经功率放大器后作用于驱动线圈上时，振动台就会产生需要的振动波形。多轴电动振动台的主要特点[9]：频率范围为 5～10000Hz，振动位移的峰-峰值一般为 30～50mm，激振力可达 200kN，甚至可产生 1000m/s^2 以上的加速度，台面负载可达 1t 或更大，波形好，操作调节方便，易于自控并实现多台并激，可满足试验频带在 5Hz 以上的各类振动试验要求，适用于各类电子元器件的振动试验，配备附加台面和水平滑台，还可适用于中小型整机试验。但其缺点是价格高，有漏磁场。

图 1-1 所示为美国 Wyle 实验室为美国空军 Hill 基地研制成功用于导弹系统级振动环境试验的三轴六自由度电动振动台，这是目前世界上最先进的一套电动式多轴振动系统[10]。该系统由 8 台 Ling2016 型电动激振器组成，振动台经过改装后安装在 450t 反作用质量块上。系统的主要技术参数如表 1-1 所示。

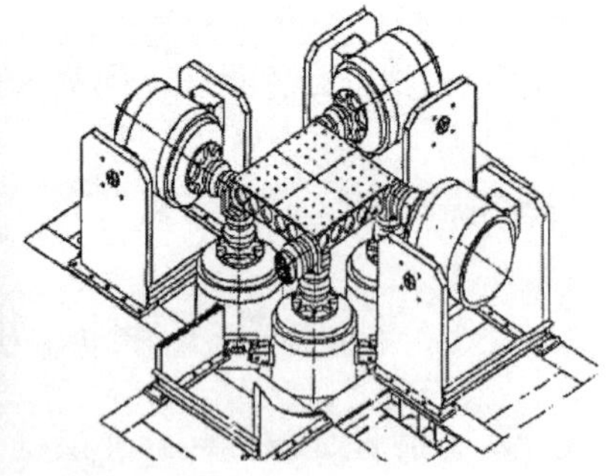

图 1-1　Wyle 实验室研制的六自由度电动振动台

表 1-1　图 1-1 振动台的主要技术参数

项目	技术参数
台面尺寸	1m×1m
最大试验件重量	2500kg
最大位移（峰-峰）	50mm

续表

项目	技术参数
最大速度	1.78m/s
频率范围	5～2000Hz
水平方向推力	180kN
垂直方向推力	360kN

1.2.2　国外多轴振动台的发展现状及分析

国外多轴振动试验系统不仅作为一个重要的研究方向，而且已经形成规模和产业。许多著名大学和研究机构与专业制造公司合作，在前沿技术和应用技术方面的研究和开发都取得了重要成果。国外制造公司主要有美国 Wyle 公司、MTS 公司、TEAM 公司、IST 公司，德国力士乐公司、Schenck 公司，英国 Servotest 公司，日本的三菱、IMV 公司和鹭宫制作所等。他们与国际著名大学，如美国加州大学伯克利分校，德国亚琛工业大学等进行广泛合作，使振动模拟技术处于国际领先水平[11]。

1. 美国多轴振动台的研制

Wyle 实验室是国际上最早开始研究多轴振动环境试验技术和设备的单位之一[7]，在 20 世纪 70 年代就成功研制了三轴电液振动台，其结构如图 1-2 所示[12]。该设备安装在位于美国亚拉巴马州亨茨维尔分部的 Wyle 实验室，目前仍在使用。该电液振动台系统主要技术参数如表 1-2 所示[7, 12]。Wyle 实验室除了研制多轴电液振动台，还研制用于中高频振动环境试验的多轴电动振动台。

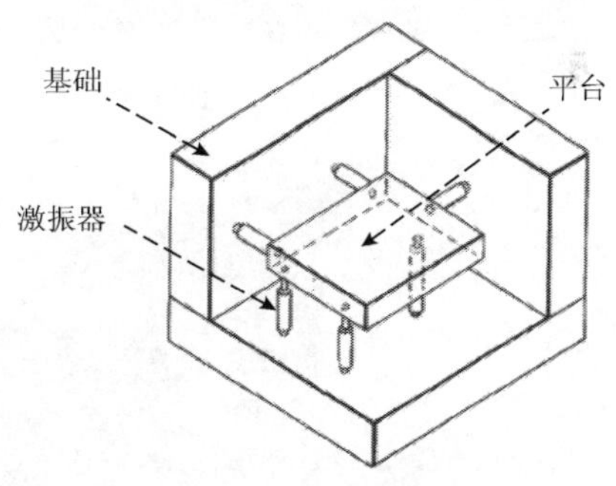

图 1-2　Wyle 液压振动台结构

表 1-2　振动台的主要技术参数

项目	技术参数
台面尺寸	2.7m×2.7m
最大试验件重量	6350kg
最大位移（峰-峰）	200mm

续表

项目	技术参数
最大加速度	4.5g
最大速度	0.9m/s
频率范围	0～100Hz

美国在多轴电液振动台方面以 MTS 公司为代表。MTS 公司已生产了数十台电液式地震模拟台[13]，其中六自由度电液式地震模拟台十余台。该公司不仅研制地震台的伺服控制系统，还研制地震台的振动控制系统，曾为世界各国研制许多高性能的地震台。图 1-3 所示为 MTS 公司为日本 Kobe 研制的六自由度液压振动试验系统[13]。2010 年 2 月，MTS 公司设计了新型的六自由度多轴 329 试验台[14]，如图 1-4 所示。

图 1-3 MTS 六自由度液压振动试验系统[13]

图 1-4 MTS 公司设计研制的多轴 329 系统试验台[14]

TEAM公司于1954年成立于美国西雅图，主要提供复杂的振动试验系统和扭转疲劳试验系统的设计与生产，该公司研究的振动台系统专业用途非常广泛，包括航天航空、汽车、电子设备、建筑物的振动试验，以及噪声激励系统和冲击系统。从振动台结构上看，单轴振动台包括垂直振动台、水平振动台；多轴振动台包括 X-Y 双向联合振动台、轻质量的六自由度振动台[15]（图1-5），以及用于汽车整车测试的4通道模拟振动试验台[15]（图1-6），这种振动台的设计在道路模拟试验台中尚属首创，作动器采用静压轴承，具有低轮廓、无摩擦力、低噪声的优点，这套振动试验系统可以满足正弦、随机、锯齿、冲击、瞬态、波形再现等信号的试验，并且还可以实现信号的叠加。

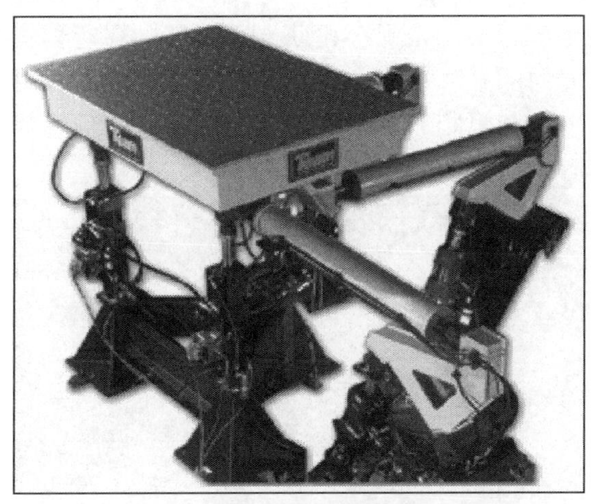

图1-5 六自由度振动台[15]

图1-6 4通道道路模拟振动试验台[15]

2. 英国多轴振动台的研制

英国 Servotest 公司于 20 世纪 40 年代成立，是较早开始从事多轴振动台研究的公司，在伺服液压测试和运动模拟行业技术领先。其产品种类比较全，包括各种类型的汽车、摩托车等的轮胎耦合道路模拟机、多自由度振动台、零部件试验系统、转向试验机、座椅及安全带吊点试验设备等，近 90%的 F1 赛车是由 Servotest 公司研制的七通道道路模拟试验机来进行开发和调试的。

Servotest 公司在多轴振动台的研制和生产方面有很丰富的经验，可以生产的尺寸范围从 0.5m×0.5m 到 6m×6m，频率范围为 0.1～200Hz，负载力承受极限垂直向为 1000kN，水平向为 600kN。图 1-7 是 Servotest 公司研制成功的高频多轴振动试验系统[16]。图 1-8 是 Servotest 公司研制并搭建的飞行器模拟试验系统[17]，该系统可以模拟垂直方向的升降以及左右摇摆、俯仰运动等；为了确保安全，该试验台还设置了加速度更高限制，试验系统互锁以及紧急预警装置。

图 1-7　轻质高频振动台[16]

图 1-8　飞行器模拟试验系统[17]

3. 日本多轴振动台的研制

日本是研制液压振动试验系统较早的国家之一，也是一直技术领先的国家之一。1984 年，日本三菱公司成功研制了 6m×6m 的三向六自由度大型地震台，采用三状态控制方法实现了液压振动试验系统的加速度控制，并在理论上首次解决了六自由度独立控制问题，该地震台的成功研制是地震台发展的一次飞跃[18]。

图 1-9 是鹭宫制作所研制的多轴道路模拟试验机，该所研制的六自由度道路模拟试验机，在工作台上可以高精度再现实际行驶过程中的载荷情况，如图 1-10 所示[19]。该所研制的大型三次元振动试验机，可以对实际建筑物同等大的试验体进行三次元同时加振，如图 1-11 所示。鹭宫制作所研制的小型三次元振动试验机，则主要用于对汽车零件的振动评价或模拟运输物的评价，如图 1-12 所示。图 1-13 所示为日本 IMV 公司研制的用于车辆座椅测试的六自由度振动台。2000 年，日本防灾科学技术研究所开始在兵库县三木市内建造堪称世界上最大的地震台[20, 21]，如图 1-14 所示。

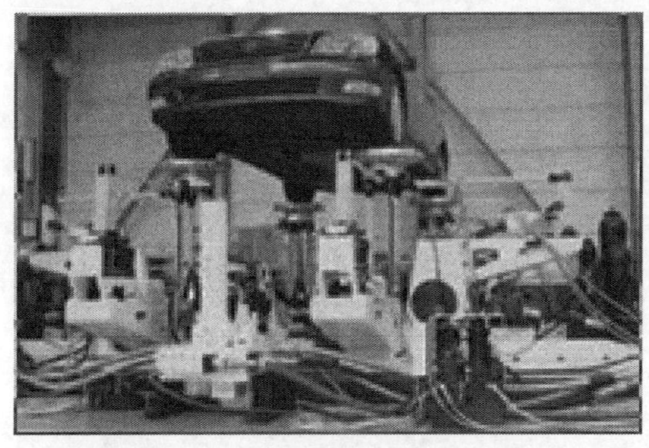

图 1-9 BBH 多轴模拟试验机

图 1-10 六自由度道路模拟试验机

图 1-11　大型三次元振动试验机

图 1-12　小型三次元振动试验机

图 1-13　日本 IMV 公司的电液振动台

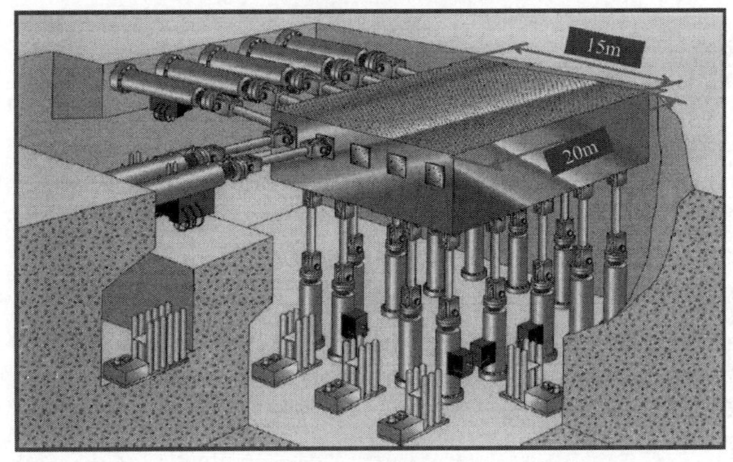

图 1-14 日本建造的世界上最大的地震台

1.2.3 国内多轴振动台的发展现状及分析

我国有关多轴振动台的研究起步较晚，尤其在大型振动模拟试验装备的研究和制造上，与其他国家先进水平相比，无论在技术上还是规模上都存在较大的差距[7, 22]。表 1-3 是国内近年来引进和自主研制的各种振动台。在技术引进与自主研究的基础上，我国在该领域的研究也取得一定的成果。除了引进一些国外的高性能的地震台进行研究，还陆续建成一些地震模拟振动台，主要分布在高校和科研机构。国内研制过液压振动试验系统的单位较多，主要有哈尔滨工业大学电液伺服仿真及试验系统研究所、西安交通大学、武汉理工大学、浙江大学、吉林大学、北京机械工业自动化研究所、航空 303 所、中国地震局工程力学研究所、天水红山试验机有限公司、北京航空航天大学、南京航空航天大学等。

表 1-3 近年国内部分多轴液压振动台主要技术参数

引进单位	规格	厂商
航天一院 702 所	2m×2m，6t，6 DOF	Wyle
航天三院 8359 所	20t，3 DOF	MTS
中国核动力研究设计院	6m×6m，6 DOF	Servotest
交通部重庆公路科学研究所	6m×6m，6 DOF	IST
中国建筑科学研究院	6m×6m，40t，6 DOF	MTS
上海同济大学	4m×4m，15t，6 DOF	MTS
北京水科学技术研究院	5m×5m，20t，6 DOF	Schenck
华南建设学院	3m×3m，10t	MTS
河海大学	3m×3m，10t，4 DOF	MTS

续表

引进单位	规格	厂商
中车青岛四方机车车辆厂	3 轴 6 自由度车辆振动模拟台	Wyle
中国航天三江集团底盘中心	6 自由度道路模拟台 18t	IST
兵器 201 所	10 通道道路模拟振动台	MTS，IST
兵器 207 所	4m×4m，6 DOF	哈尔滨工业大学
徐州工程机械集团有限公司	6 通道道路模拟台	IST
兰州理工大学	4m×4m，6 DOF	Servotest
中国工程物理研究院	2m×4m，10t，6 DOF	哈尔滨工业大学
中国地震局工程力学研究所	5m×5m，30t，6 DOF	哈尔滨工业大学工程力学研究所
大连理工大学	3m×4m，10t，6 DOF	MTS
广东省地震工程与应用技术重点实验室	3m×3m，10t，6 DOF	MTS

1.3 电液振动台关键技术研究现状及分析

按照电液振动台模拟的振动环境不同，振动控制技术主要分为随机振动试验、正弦扫频试验及瞬态时域波形复现振动试验。按照电液振动台的控制方式不同，多轴振动系统的控制方式包括开环控制、离线迭代控制和实时迭代控制[22]。开环控制是指振动控制器输出的驱动信号不经过任何补偿直接输入伺服控制系统以驱动平台运动。离线迭代控制是指振动控制器根据振动台伺服控制器的输入和输出信号来修正控制参数，以提高复现精度，这种修正过程是非实时的，它是在一次完全测试完之后才对驱动信号进行补偿，整个离线迭代过程的成功与否与操作人员的判断有直接关系。实时迭代控制是指驱动信号的修正在试验过程中即可完成，从而缩短了试验时间，也能够有效降低由于振动系统时变和非线性带来的误差[22]。因此，研制实时迭代振动控制器是影响电液振动台性能的关键技术。

目前，该关键技术被国外振动测试与控制厂家所垄断，主要有美国 SD 公司、MTS 公司、STI 公司、Wyle 实验室、DP 公司和比利时 LMS 公司等[22]。20 世纪 80 年代国内对该领域进行研究的单位主要有航天部 702 研究所、航空部 623 研究所、西安的中国飞机强度研究所、南京航空航天大学、北京航空航天大学、浙江大学、西安交通大学、苏州试验仪器总厂等[22]。到 20 世纪 90 年代末，北京航空航天大学推出以 TMS320C31 浮点处理器为信号处理模块的 BH14C 振动控制器。20 世纪 90 年代以后，我国在振动控制技术领域取得了巨大的进步，其中研究较多的是单轴多点激励振动控制器。浙江大学的陈鹰教授、宋开臣教授、沈国重教授、陈章位教授和丁凡教授等，提出了基于多抽样率理论进行频响函数的估计方法，减小了低频段和共振点处频响函数的估计误差，提高了振动试验系统在低频段的控制精度[8, 22]。南京航空航天大学振动工程研究所的陈怀海教授，应用广义逆算法求传递函数矩阵的逆，改善频率特性中共振峰处的控制效果，有效地抑制了系统在共振峰处响应过大的现象[8, 22]。

1.4 并联驱动电液振动台系统国内外研究现状

从国内外振动与加载电液系统的研制现状看，振动加载并联驱动电液系统是一种新型的结构测试方法，具备在振动与加载耦合的工况下检测工程结构件的原始性能及潜在的结构缺陷[23, 24]。该类系统出力大、精度高[25, 26]，同时可开展振动和加载试验[23]。然而，由于电液系统本身存在着较大的非线性因素，如伺服阀非线性流量-压力特性、流体体积压缩特性和刚性的变化、伺服阀零点附近特性、液压油温度、供油压力以及作用在液压缸上的摩擦力等[27, 28]，并且振动与加载相互作用引起干扰，如振动台的主动运动引起加载多余力干扰[26]，外负载响应力会影响加速度跟踪精度[29]，因此，国内外学者对振动加载并联驱动的力学环境模拟系统均做出了大量具有贡献性的研究工作，主要体现在电液伺服系统的数学模型建立及系统辨识、伺服控制及协调控制、干扰耦合抑制及前馈补偿控制方法等。

1.4.1 并联驱动电液振动台数学模型研究现状

并联驱动电液振动台系统在试验过程中具有非线性时变特征，因此，在建立并联驱动电液振动台系统数学模型时，需要考虑电液伺服系统的非线性及干扰因素。Kim 等[30]建立了电液伺服系统的非线性仿真模型；Plummer[31]考虑了液压系统非线性因素，建立了并联驱动六自由度电液振动台数学模型，包括伺服阀的动态响应、结构影响以及与液压和机械元件相关联的非线性重要因素；Zhao 等[32]为有效力测试系统建立了一个非线性系统模型，包括一个非线性伺服阀模型；文献[33]考虑了伺服阀饱和及非线性特性；文献[34]在电液振动台动态模型中考虑了系统的非线性；Williams 等[35]研究了一个动态结构测试系统的真实模型，该模型包括伺服阀驱动器系统的非线性模型、控制器和被试件的动态模型等；Wang 等[36]考虑了不确定性、非线性及时变等因素，建立了并联驱动电液振动台伺服系统模型；Nakata[37]建立了一个单轴电液驱动地震模拟器的动态模型；Klimchik 等[38]考虑了并联机构内力和外部干扰力的影响，建立了并联机构刚度模型；Guan

和 Pan[39]针对电液伺服系统的参数非线性变化问题，建立了基于非线性不确定性参数的液压伺服系统模型；魏巍等[40]建立了超冗余振动台的非线性液压模型和基于空间力的动力学耦合模型；Shen 等[41]建立了六自由度并联驱动振动台液压系统非线性模型。

1.4.2　并联冗余驱动电液振动台系统协调控制研究现状

振动加载并联驱动系统各执行器协调控制是系统运行的核心，自由度控制包括自由度合成矩阵和自由度分解矩阵，用于自由度与各个驱动器之间的协调控制[7, 18, 22]。并联冗余驱动电液振动台系统存在静不定问题，运动过程中各激振器参数的不一致和安装误差等因素将在各个驱动器之间产生很大的内力耦合，而压力镇定控制器用于削弱内力，实现振动加载并联驱动的协调控制[7, 18, 22]。Plummer[42]研究了基于模态控制的力位协调控制方法，实现了超冗余驱动电液并联机构的协调控制；Legnani 等[43]推导了六自由度并联机构耦合矩阵，实现了其解耦控制；Vaes 等[44]研究了电液道路模拟振动台的协调控制方法，辨识了 MIMO 系统的传递函数矩阵，设计了 MIMO 解耦控制器，得到了满意的多变量闭环控制性能；Song 等[45]设计了电液伺服系统的 MIMO 协调控制器；Yang 等[46]研究了奇异值分解算法，实现了并联机构的解耦控制；Shen 等[47]研究了冗余并联电液振动台多自由度协调控制。

1.4.3　电液振动台三状态控制研究现状及分析

在 20 世纪 70 年代中期以前，振动台的激振系统一般均采用电液位置伺服系统并且仅能采用位移控制方式。1984 年，日本三菱公司成功研制出 6m×6m 的三向六自由度大型地震台，首次采用三状态控制方法实现了液压振动试验系统的加速度控制，该地震台的研制成功是地震台发展的一次飞跃。三状态控制主要包括三状态前馈和三状态反馈两个部分，三状态指振动台的位移、速度和加速度三个参量。三状态控制器的原理如图 1-15 所示，其中电液振动台的动态特性主要由二级伺服阀动态特性 $G_{sv}(s)$ 和液压作动器的动态特性 $G_p(s)$ 构成，三状态前馈（通过调节 K_{ar} 、 K_{vr} 和 K_{dr} 三个参数）的目的是对消液压系统位置闭环传递函数中距离虚轴较近的极点以拓展系统的频宽；三状态反馈（通过调节 K_{af} 、 K_{vf} 和 K_{df} 三个参数）是在位置闭环的基础上，分别采用加速度反馈和速度反馈提高液压动力机构的阻尼比和液压固有频率以保证系统在稳定条件下拓展系统工作频率范围。三状态控制器的设计是基于位置闭环的控制系统，而振动台要求的控制方式是加速度控制，因此还需采用参考信号发生器将加速度信号转换为位置信号。三状态控制技术已成为各类振动台的核心算法，并被广泛应用于各类振动台和其他工业领域中[4, 48]。

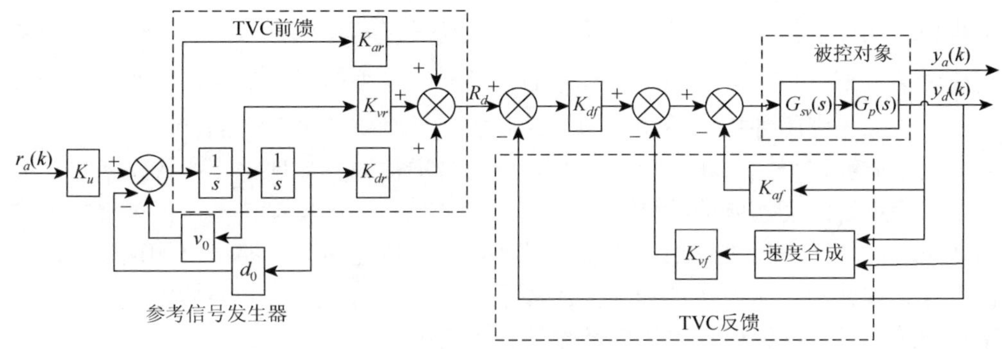

图 1-15 三状态控制器原理图

国内外研究人员对三状态控制技术进行了深入研究：日本在 Kobe 大地震之后，于 2005 年建成的地震台采用了三状态控制技术[49]；2000 年，日本防灾科学技术研究所开始在兵库县三木市内建造堪称世界上最大的地震台，该地震台也采用了三状态控制器[20]；国内对三状态控制的研究也已经很成熟，韩俊伟等[18, 50]对三状态控制器的原理及实现方式进行了深入研究，在国内自主研制的振动台中采用了该控制技术，并有效地拓展了振动台系统的加速度响应频宽，增强了系统的稳定性，并消除了自激振荡现象；在此研究基础上，徐洋[51]将三状态控制技术成功应用于主动结构控制；文献[52]、[53]将三状态控制技术和 LMS 自适应滤波器相结合，对电液振动台的幅相控制和谐波抑制进行了深入研究；文献[7]、[54]将三状态控制器、自由度独立控制和压力镇定控制器相结合，成功应用于三轴六自由度液压振动台。文献[22]采用根轨迹方法对三状态控制器的各个参数进行了设计和试验验证；文献[8]采用基于广义预测控制的三状态控制算法来自适应调节三参量控制的参数，这种方法优化了控制增益，提高了伺服控制的精度。

1.4.4 并联驱动电液振动台电液系统辨识及前馈补偿研究现状

为了实现对参考加速度信号的精确模拟，在伺服控制系统中，利用三状态控制技术对伺服控制系统的动态特性进行了校正，以便提高伺服系统的频率响应特性。但是电液振动台在进行激振过程中，仍然不能够完全对期望加速度信号进行精确复现。而采用逆传递函数均衡技术可以进一步提高波形复现的精度，基于逆传递函数的前馈补偿原理如图 1-16 所示。假设振动台加速度闭环控制系统的传递函数为 $G_a(z)$，由于振动台的加速度输出响应不可避免地存在幅值衰减和相位滞后的现象，所以 $G_a(z) \neq 1$。根据振动台加速度闭环控制系统的输入输出信号，利用辨识算法可以估计并设计出加速度闭环系统的逆传递函数 $\hat{G}_a^{-1}(z)$，然后将参考加速度信号乘以 $\hat{G}_a^{-1}(z)$，即可得到新的具有补偿能力的激励信号，采用该信号激励振动台加速度闭环控制系统，即可提高加速度时域波形复现的精度。采用前馈补偿技术能够在很宽的频带范围内对期望信号进行较好复现，因为该技术主要改善了试验系统的动态响应特性，而不是改变系统的闭环反馈特性，只要对加速度闭环系统的传递函数进行准确辨识并设计出其逆传递函数，即可对加速度动态特性进行有效补偿，从而实现加速度闭环系统对期望加速度信号的精确复现。该前馈补偿技术被广泛应用于各类电液振动台控制中[55-58]。

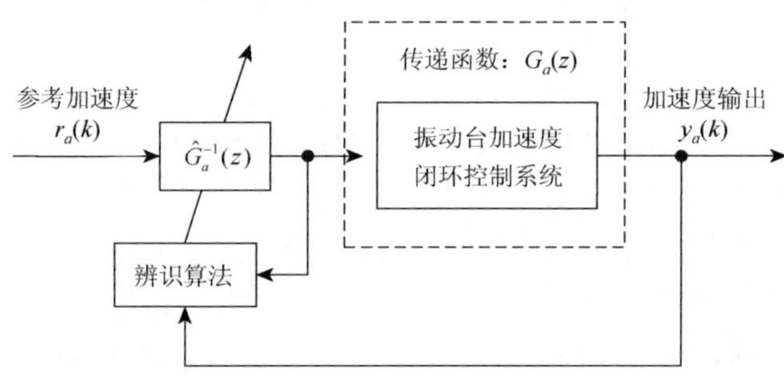

图 1-16　前馈补偿原理

基于此，国内外学者对电液伺服系统辨识进行了深入研究，比利时 LMS 公司的 De Cuyper 等[59]利用状态空间模型辨识六自由度振动台伺服系统的频响函数以改进离线迭代控制的收敛速度；Vaes 等[60]估计了电液振动台伺服系统多输入多输出频响函数；美国普渡大学 Qian 等[61]利用遗传算法辨识了电液混合试验系统模型参数；Sadeghieha 等[62]采用最小二乘算法在线辨识了电液伺服系统参数；Tang 等[63]研究了递推增广最小二乘算法，辨识了振动与加载电液系统加速度参数模型；Shen 等[64]研究了 LMS 自适应算法，辨识了冗余驱动电液振动台系统加速度闭环传递函数；Zhao 等[65]研究了电液驱动力加载系统的离散传递函数；浙江大学的陈鹰教授、宋开臣教授、沈国重教授、陈章位教授和丁凡教授等，提出了基于多抽样率理论进行频响函数的估计方法，减小了低频段和共振点处频响函数的估计误差，提高了振动试验系统在低频段的控制精度[66]；南京航空航天大学振动工程研究所的陈怀海教授，应用广义逆算法求传递函数矩阵的逆，改善频率特性中共振峰处的控制效果，有效地抑制了系统在共振峰处响应过大的现象[67]。

1.4.5 离线迭代控制技术的研究现状及分析

如果被控系统是一个较理想的线性系统，并且设计的 $\hat{G}_a^{-1}(z)$ 很准确，那么采用前馈逆传递函数补偿一次即可达到试验所要求的精度。然而，电液振动台的加速度闭环系统可能存在着很大的非线性因素，并且设计出来的 $\hat{G}_a^{-1}(z)$ 与实际系统不可避免地存在着模型偏差。

国外很多公司均推出了各自的补偿控制策略，主要有美国的 STI 公司、Wyle 实验室、MTS 公司、DP 公司、SD 公司和比利时 LMS 公司等。商业化波形复现技术大多采用频域迭代控制的方式，其主要代表是离线迭代控制。远程参数控制（Remote Parameter Control，RPC）技术是国际上普遍采用的一种时域波形控制技术，被广泛应用于地震随机波形和路面高程的模拟，也称为时域波形再现控制技术[68]，于 1977 年由美国 MTS 公司推出。1979 年德国 Schenck 公司推出了 ITFC（Iterative Transfer Function Compensation）系统，1987 年 Faithurst 推出了 IDC（Iterative Decomvolution Control）软件，这两款软件与 RPC 的数学原理基本相同，只是操作功能和计算机硬件方面不同。美国的 STI 公司和 Wyle 实验室各自研制的振动控制系统可以进行多轴随机控制、多轴正弦扫频振动控制、多轴瞬态振动控制（包括典型冲击波形、复杂波形时间历程和冲击响应谱）。美国 DP 公司提出的基于连续卷积的新型随机振动试验控制算法是将每次闭环的单帧驱动信号与系统的逆传递函数进行卷积产生平滑连续的驱动信号。美国 SD 公司在多轴振动控制领域中拥有多项专利，该公司的波形复现技术利用了带有交叉耦合补偿的自适应长时段反卷积控制方法以及逆传递函数矩阵补偿技术。该技术将用户给定的参考时域波形分成一些连续的波形块，以便能在计算机内存中进行方便处理。利用长时段反卷积方法对每段参考文件和产生的连续的驱动文件进行补偿，之后驱动文件利用适当的块长度输出，同时双缓冲策略保证了操作的连续性。比利时 LMS 公司的波形复现技术也是采用逆传递函数迭代的方式，采用 RMS、功率谱误差和最大时域波形误差作为其波形复现精度的评价指标，该技术同时具备自动迭代的模式。

从上述商家产品中可以看到，在工业应用领域中，离线迭代技术是解决时域波形复现的一种有效手段，该技术以电液振动台的逆频响函数的估计为基础，其主要优势在于可以克服被控对象是非最小相位系统或线性延时系统的缺点[68]。该技术的基本原理如图 1-17 所示，其中，虚线连接线表示离线迭代部分，$G_a(z)$ 是振动台的加速度闭环的传递函数，$\hat{G}_a^{-1}(z)$ 是加速度闭环逆传递函数，$r_a(k)$ 和 $y_a(k)$ 分别是振动台加速度参考信号和响应信号。

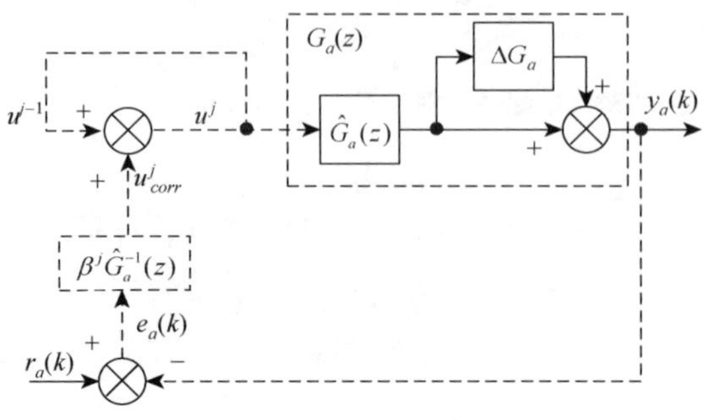

图 1-17　离线迭代控制原理图

日本学者 Tagawa 等[48]对三状态控制器和离线迭代技术进行了比较，验证了离线迭代技术的有效性；Plummer[4]在综述中对该技术进行了分析及应用研究。

1.4.6　自适应控制在电液振动台领域中的研究现状及分析

在传统的频域迭代控制算法中，由于需要采用逆频响函数矩阵对加速度闭环系统进行均衡和驱动信号更新，所以振动台系统的频响函数的测量和辨识精度对于迭代收敛速度和波形复现精度有很大影响；由于系统的频响函数是离线辨识的，在进行试验时则认为系统的动态特性是不变的，而实际中的系统可能存在时变[69]；离线迭代需要反复多次对系统进行激励，因此驱动信号在未达到期望信号之前，可能已经对被试件造成了预破坏[70]；同时离线迭代控制技术需要采用大量的 FFT 和 IFFT 来辨识系统的频响函数及产生时域驱动信号，而时域波形复现是瞬态变化的，采用 H1 估计法不能进行实时估计系统的频响函数；另外，离线迭代针对短时间的时域历程信号较为实用，而对于长时间的时域历程信号则无法进行离线迭代。

基于此，国内外很多学者从频域的迭代控制转向了时域控制的方式，并采用不同的控制策略来研究振动控制，主要从 H_∞ 鲁棒控制、自适应逆控制、最小控制合成、自校正控制、幅相控制、自适应谐波抑制技术等方面进行了研究。

鲁棒控制是在建立数学模型和设计控制器的过程中，考虑不确定性的影响，设计不依赖不确定性的控制器，使得系统满足期望的性能指标[71]。为了提高力控制的跟踪精度，福特电机公司的 Mianzo 等[72]结合 LQ 方法和 H_∞ 方法研究了二自由度车辆疲劳仿真试验系统的跟踪性能，将多变量跟踪问题转化为标准的 H_∞ 控制问题。徐洋等[73, 74]则利用了 H_∞ 控制和结构奇异值 μ 综合法，对带有不确定性的主动质量阻尼器结构系统进行了控制器的设计及系统性能分析，并利用单轴液压振动台进行了试验验证。

自适应逆控制在控制系统和调节器的设计中是一种很新颖的方法[75]。美国斯坦福大学 Widrow[76]所在研究室历经 20 年的研究形成一些想法，提出了利用一个其传递特性是欲被控对象特性的逆作为串联控制器来补偿系统动态特性的开环控制问题。自适应逆控制算法的原理如图 1-18 所示，自适应算法根据参考信号和偏差信号自适应地调节控制器，当自适应算法收敛到最优解后，控制器与被控对象则构成了一个单位增益系统，此时，控制器变为被控对象的逆传递函数，所以该算法称为自适应逆控制。英国 LDS 公司的 Salehzadeh-Nobari 等[77]研制了基于频域自适应逆控制的控制器并应用于振动台的冲击振动试验。苏格兰大学的 Karshenas 等[78]提出了基于自适应逆控制算法的冲击试验算法，应用了标准滤波-X最小均方二乘算法，试验验证了频域自适应滤波器 LMS 在进行冲击波形复现中的有效性。Yang 等[22，79]采用了一种频域 X-滤波变步长最小均方算法，并将其引入控制过程，构造了一种自适应逆控制策略，在频域内不断修正加速度闭环系统逆频响函数，提高功率谱复现的精度。在文献[80]中，为了解决传统闭环控制中无法克服的外部噪声干扰对控制精度和鲁棒性的影响，引入了基于 X-滤波的自适应逆控制结构，实现了对多轴液压振动台控制矩阵的自适应控制。为解决振动台非线性、不确定性对象的建模与时域波形再现控制，文献[81]将最小二乘支持向量机（LS-SVM）和自适应逆控制方法相结合，最后采用该算法对液压振动台进行波形再现控制并验证了可行性。

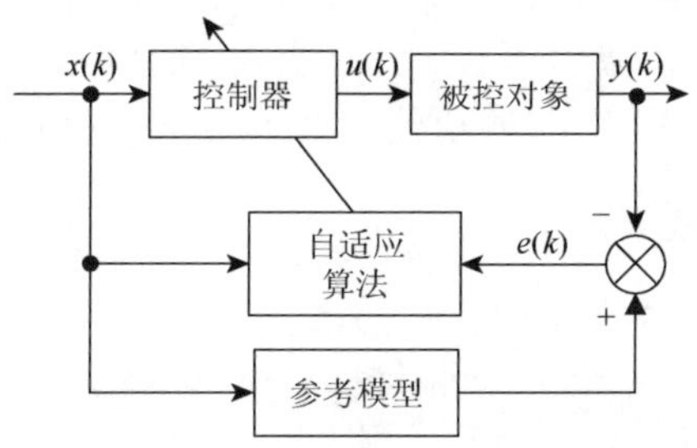

图 1-18 自适应逆控制原理图

最小控制合成（Minimal Control Synthesis，MCS）算法是对参考模型自适应控制 MRAC 的巨大发展，由 Stoten 等在 1990 年首次提出并得到广泛应用[82]。文献[83]将 MCS 算法应用于液压振动台控制系统，Stoten 等将该 MCS 算法成功地应用于多个振动台上[83-85]，包括世界上最大的 E-Defense 电液振动台。

自校正控制器作为一种自适应控制方法，近年来也被应用于电液振动台及道路模拟振动台中[4，69，86]。幅相控制由美国 MTS 公司提出的一种正弦信号的幅相控制策略，针对多点协调加载试验机，用于对材料的拉伸试验。该控制策略近年来广泛应用于电液振动台中[53，87]。自适应谐波抑制也是电液振动台中研究的热点[88-91]。

1.4.7　复合控制策略的研究现状及分析

自适应控制和离线迭代算法是振动台控制领域中应用最广泛的两种控制策略，然而这两种算法均具有各自的优点和缺点。其中，自适应算法一旦收敛到最优解，可以高精度地复现参考时域波形，然而很多自适应算法都存在着收敛速度较慢的问题，致使自适应算法无法较好地应用于电液振动台控制中；而离线迭代控制是解决波形复现最实用的方法[59]，然而当被试件的动态特性发生变化后，可能造成算法的发散或需要更多次的迭代。因此一些研究人员提出了各种复合控制策略，这些复合控制策略主要是克服自适应控制以及离线迭代控制收敛速度较慢的问题。

1. 离线迭代与在线均衡复合控制策略

2001 年 4 月，日本三菱重工株式会社申请了一项专门用于振动台时域波形复现的专利：用于振动台的波形控制装置[92]。该专利的结构原理如图 1-19 所示。该装置主要包括：一个离线前馈补偿控制器，根据在正规测试试验前利用小信号获得的振动台加速度逆传递函数以及正规试验的参考信号，产生离线补偿驱动信号；一个在线补偿波发生器，根据在激励期间的驱动信号和振动台加速度输出响应信号来确定振动台在激励期间的逆传递函数并且产生在线补偿信号，并在激励期间将振动台驱动信号切换到离线补偿信号与在线补偿信号

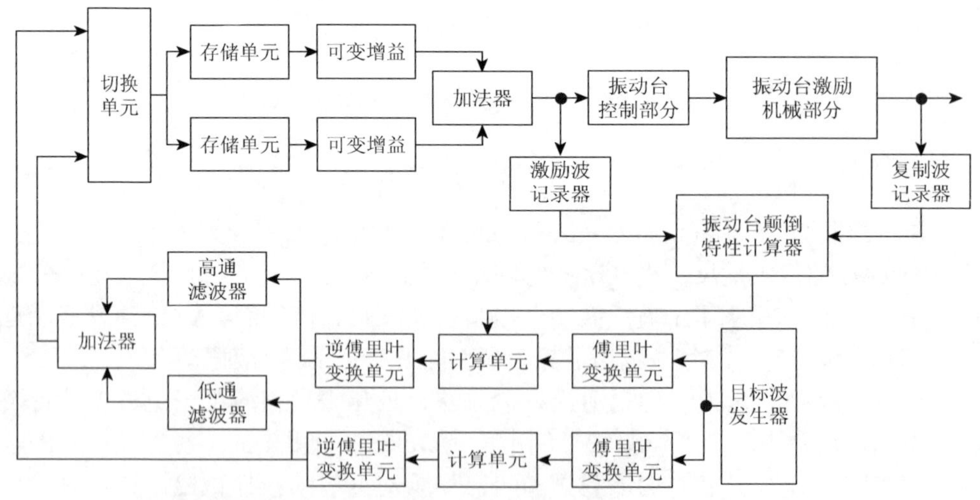

图 1-19　日本三菱重工株式会社发明的波形控制装置的原理图

的混合信号。加法器以特定速率及对应的频率将离线补偿信号和在线补偿信号相加产生一种混合补偿信号，利用低频域中的离线补偿信号和高频域的在线补偿信号。切换单元以与切换后的时间相对应的特定速率把一个补偿信号切换到另一个补偿信号，并保证激励信号能平稳地从切换之前的波形变换到切换后的波形。

2. 离线迭代与实时反馈复合控制策略

离线迭代控制在振动台领域具有重要地位，但该控制技术同样存在收敛速度较慢的问题。LMS 公司的 De Cuyper 等[59]在离线迭代的基础上，设计了多输入多输出 H_∞ 反馈控制器，并在所提出的扩展迭代算法基础上加入 H_∞ 反馈控制器后，获得相同精度的试验结果，所提出的控制策略仅需要 3 次离线迭代，而常规离线迭代至少需要 7 次迭代。De Cuype 提出的扩展迭代算法如图 1-20 所示，利用了一个实时反馈控制器（通过调节增益 K_b）以提高迭代的收敛速度。

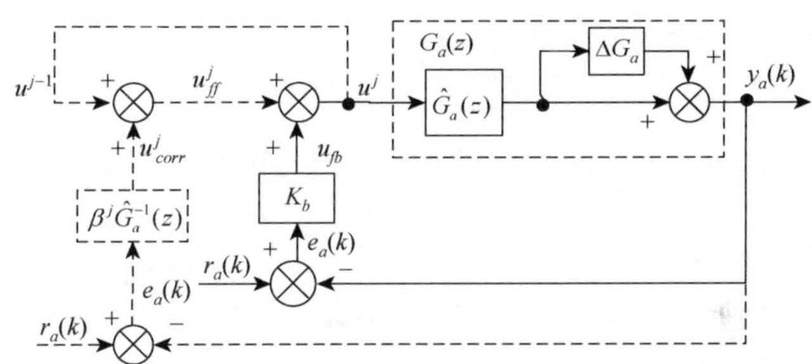

图 1-20　文献[59]所提出的改进离线迭代控制原理图

Vaes 等[44, 93]采用了多输入、多输出 H_∞ 控制方法对系统进行了解耦，并采用离线迭代对 MIMO 道路模拟机进行了试验验证，所提出的控制策略仅需要 3 次离线迭代，而常规离线迭代至少需要 5 次迭代。

3. 基于自适应逆控制的复合控制策略

自适应逆控制作为一种优秀的自适应控制策略被广泛应用于振动台领域中，为了提高自适应逆控制的收敛速度及时域波形复现精度，国内外很多专家对其进行了研究，并提出了各种基于自适应逆控制的复合控制策略。

日本 IMV 公司的 Uchiyama 等[70]将二自由度实时反馈控制和鲁棒控制相结合，并成功应用于电动振动台的位置闭环，为了进一步提高位置波形复现的精度，在上述控制策略的基础上引入了自适应逆控制，该方案的原理如图 1-21 所示，其中 $\hat{G}_s$ 是电动台位置闭环的真实模型，G_s 是理想的位置闭环模型，F_d 是参考模型，K_b 是二自由度实时反馈控制器的增益。该方案的原理：首先利用位置闭环系统的逆传递函数（图中 F_d/G_s）及 K_b 对位置闭环系统进行均衡，然后采用自适应逆控制算法在线调节 FIR 滤波器的权值系数，使系统输出 y_s 更精确地跟踪位置参考信号 r。针对自适应逆控制进行在线调节时，无法克服系统噪声影响的问题，同时为了避免辨识出来的系统是一个非最小相位系统给逆模型的设计带来问题，Shafiq[94]及 Plett[95, 96]提出了自适应逆控制与内模控制相结合的控制策略，利用一个鲁棒估计器来估计系统的传递函数，然后在此基础上采用自适应逆控制。

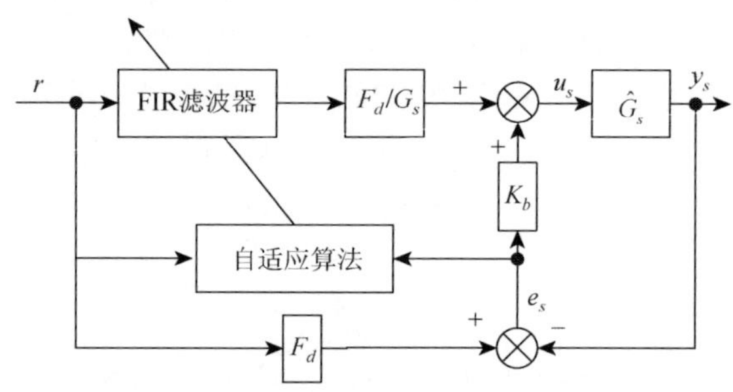

图 1-21　文献[70]提出的复合控制策略原理图

为了提高自适应逆控制技术的收敛速度并且降低算法的计算量，Kaelin 等[97]提出了一种复合控制策略，其原理图如图 1-22 所示，其中 $G(z)$ 和 $\hat{G}(z)$ 是真实的系统以及估计的系统传递函数，$\hat{C}_2$ 是被控对象的先验知识，$M(z)$ 是参考模型，$e(k)$ 和 $\overline{e}(k)$ 分别为偏差信号以及滤波后的偏差信号。该复合控制策略的原理：首先利用被控对象的先验知识 $\hat{C}_2$ 对系统进行均衡修正，然后采用自适应算法在线调节自适应逆控制器 $\hat{C}_1(k)$ 以达到提高波形复现精度的目的，而滤波器 a 主要用于提高自适应逆控制的收敛速度。

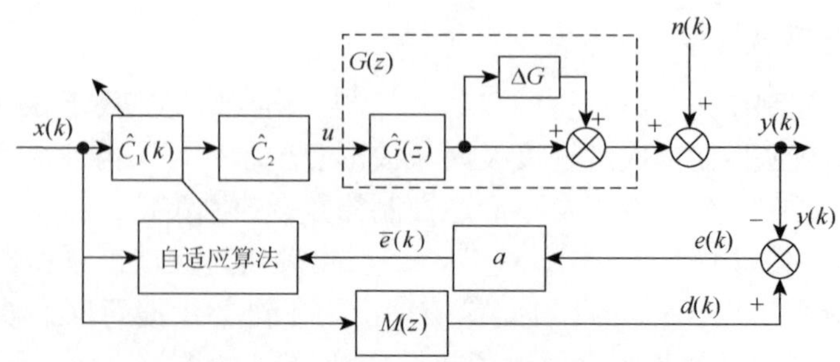

图 1-22　文献[97]提出的复合控制策略原理图

4. 基于 MCS 与逆模型的复合控制策略

为了提高 MCS 算法的收敛速度，Gizatullin 等[84]结合了前馈逆模型和速度 MCS 算法对多轴振动台进行了试验验证。其原理图如图 1-23 所示，首先采用一个滤波器作为前馈环节以及一个基于逆模型的顺馈控制器对电液振动台控制闭环系统进行补偿，在此基础上采用了积分速度 MCS 自适应控制器（文献[84]中简称 IMvMCS）进行在线修正被控对象的驱动信号。

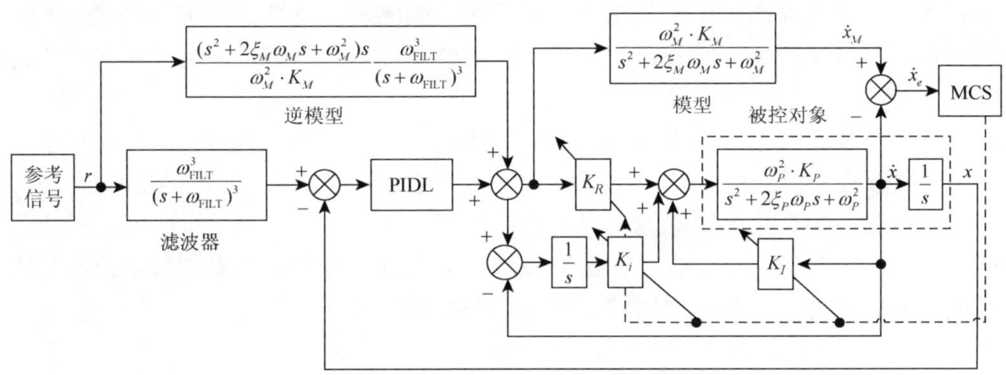

图 1-23 文献[84]提出的基于 MCS 的复合算法原理图

1.5 本书主要研究内容

基于以上综述内容，本书以六自由度电液振动台为试验平台，以提高时域波形复现精度为目的，重点研究伺服控制器、离线时域波形复现和在线时域波形复现的相关问题。每章均从特定的角度来研究不同控制策略，以提高波形复现精度，并且各章节均相互关联。

第 2 章　并联冗余驱动电液振动台试验系统

电液振动台实时控制系统主要由两部分组成：伺服控制系统和振动控制系统。在电液振动台控制系统中，利用伺服控制技术可以对振动台闭环系统的动态特性进行改善，以便提高振动台加速度闭环系统的频率响应特性。伺服控制器是电液振动台控制系统的基本组成部分，是实现时域波形复现的基础，因此需要对此进行深入研究。

本章首先介绍电液振动台的组成及工作原理，为了研究电液振动台的动态特性，对电液振动台的液压伺服动力机构（包括伺服阀和液压缸）进行建模与分析，并作为本书中各种控制策略的仿真模型；然后对三状态控制器进行研究，在此基础上提出一种改进的三状态控制器以减少所需调试的参数，并提高时域波形复现精度；最后通过仿真验证提出的改进三状态控制器的有效性。

2.1　电液振动台伺服控制系统组成

本书的试验载体是一个六自由度电液振动台，其结构如图 2-1 所示，6 个自由度分别为 X、Y 和 Z 3 个平动自由度以及绕 3 个轴向转动的转动自由度 R_x 、R_y 和 R_z 。采用 6 个自由度控制 8 个激振器的运动，8 个激振器分别为 X 向 2 个激振器 x_1 和 x_2 ，Y 向 2 个激振器 y_1 和 y_2 ，Z 向 4 个激振器 z_1 、z_2 、z_3 和 z_4 。这种六自由度控制 8 个激振器的模式在机构学上被称为冗余驱动系统[7]。

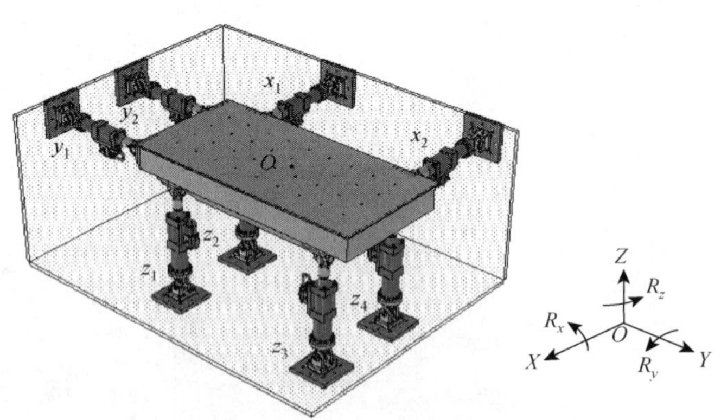

图 2-1　电液振动台结构图

这种冗余驱动系统较单轴振动具有更多的优点，如可以实现 6 个自由度的运动，能够实现更加真实的振动模拟，并且在每个自由度上的激振器出力较均匀等。然而，这种冗余机构如果不能较好被控制，那么将会出现较大的内力耦合问题，可能造成振动台无法正常运动。因此，首先必须解决各个激振器的压力镇定问题，消除系统存在的内力。同时，为了协调 8 个激振器的同步或差动运动，需要解决 6 个自由度的独立控制问题。而一般大型电液振动台具有较低的频宽，因此需要采用三状态反馈控制器来提高液压动力机构的阻尼比，进而改善系统的稳定性。在三状态反馈控制器的基础上再采用三状态前馈以拓展系统的加速度频宽。

基于此，本书采用的伺服控制系统的原理如图 2-2 所示。图中参考信号发生器将自由度加速度参考信号转化为自由度位置信号；三状态前馈用于拓展系统加速度频宽，三状态反馈用于提高系统的稳定性；自由度合成矩阵将 8 个单激振器的位移、速度和加速度反馈合成为 6 个自由度的反馈信号，然后与参考自由度信号作差构成自由度闭环控制；自由度分解矩阵则将 6 个自由度的驱动信号转化为 8 个单激振器的驱动信号，从而驱动每个激振器同步或差动运动；压力镇定控制器主要是为了消除由冗余机构和机械安装所造成的内力耦合问题；速度合成将位移和加速度反馈信号合成为速度反馈信号，利用位移反馈信号的微分和加速度反馈信号的积分求取；为了解决振动台可能出现较大的谐振峰，本书离线设计了陷波器对加速度闭环系统进行补偿。每个控制策略将在后续章节中进行详细叙述。

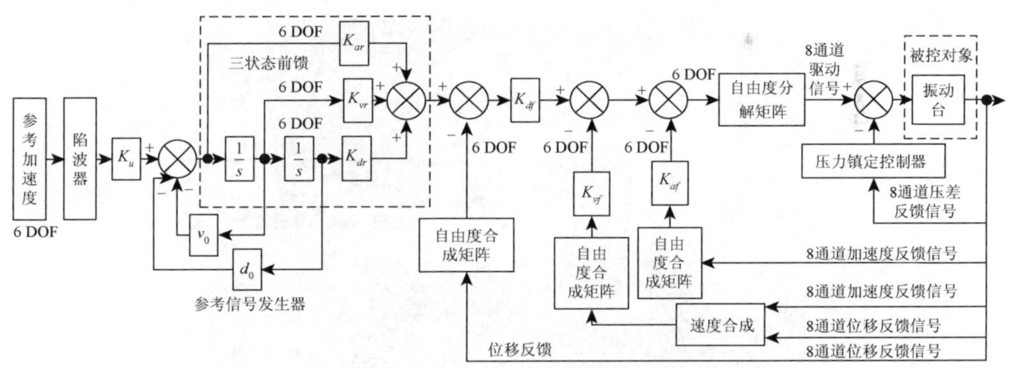

图 2-2　振动台伺服控制系统结构

2.2　振动加载并联驱动电液试验台

2.2.1　系统描述

在国家自然科学基金面上项目：基于振动与加载多元耦合的超冗余驱动电液

系统协调控制研究（项目批准号：51575511）和机械工程江苏省优势学科建设平台资助下，建立了图 2-3 所示的振动加载多元耦合六自由度电液试验台，主要用于大型设备的振动与加载多元耦合模拟，该振动台的相关技术指标如表 2-1 所示，主要由平台、伺服阀、液压缸、液压源以及连接铰等组成。该平台用于安装被试件或设备，通过铰支座与液压缸连接；伺服阀和液压缸将液压源提供的液压能转化为机械能，为平台的运动提供动力[1]。图 2-4 是控制系统方案。

表 2-1　本书采用的电液振动台主要参数

项目	主要技术参数
振动台面尺寸	2m×2m
振动台体重量	2000kg
最大试验件重量	5000kg
最大位移	X 向：±100mm；Y 向：±100mm；Z 向：±100mm
最大速度	X 向：0.4m/s；Y 向：0.4m/s；Z 向：0.4m/s
最大加速度	X 向：±2g；Y 向：±2g；Z 向：±2g（g=10m/s^2）
频率范围	1～50Hz
自由度数	6
激振器数	8

图 2-3　试验电液振动台

2.2.2　硬件平台

振动加载并联驱动试验系统的硬件部分是保证试验台正常工作的基础，

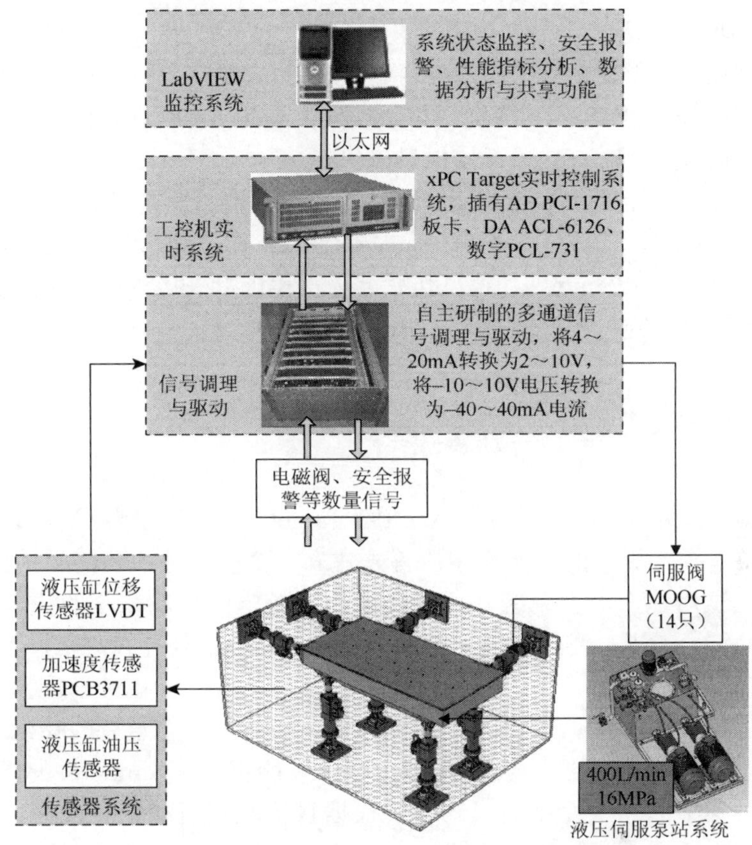

图 2-4　电液振动台系统控制方案

它主要由液压源系统、信号调理板、数据采集板卡、位移和加速度传感器等组成。

（1）液压源系统　液压源系统主要由主泵站、水冷却系统和油源控制柜组成，用于为电液振动台的伺服作动器提供压力和流量。该试验系统的油源采用恒压变量泵构成的恒压变量油源，该油源的特点是油源压力恒定，输出流量可根据负载流量自动调节，降低了功率损耗和系统冷却损耗。其中液压源工作压力在 16MPa 下，流量为 400L/min；伺服阀型号为 MOOG G761-3004，7 MPa 压差下，流量为 38L/min；振动模拟的伺服作动器采用静压支撑，其最大动出力为 25kN，最大静出力为 38kN。

（2）信号调理板　信号调理板是伺服控制器与振动台的信号接口部分，包括传感器信号调理板和数字信号调理板，分别完成与振动台系统运动相关的各种传感器信号、测试信号和数字 I/O 信号的调理，以及伺服阀的驱动等功能。

（3）数据采集板卡　系统采用研华公司生产的 A/D 板卡 PCI-1716 和 D/A 板卡 ACL-6126 的数据采集板卡作为信号转换硬件。PCI-1716 板卡具有 100kHz 的采样频率，16 位分辨率，16 通道模拟量输入；ACL-6126 采集卡具有 100kHz 的采样频率，12 位分辨率，6 通道模拟量输出。

（4）位移传感器 LVDT 和加速度传感器　位移传感器选用的是上海天沐自动化仪表有限公司生产的线性可变差分位移传感器，用来测量各个液压缸的位移响应，其测量范围为±75mm。加速度传感器采用美国 PCB 公司生产的 G3701 传感器，测量范围为±3g，测量精度为±0.1%。

2.2.3　软件系统

该试验采用基于 MATLAB/RTW/xPC Target 的快速控制原型对系统进行实时控制。快速控制原型的基本思想：首先建立一个能反映主要需求的原型系统，在计算机上试用这个原型系统，通过实践来了解未来控制系统的概貌，以便判断哪些功能符合需要，哪些功能应该加强，哪些功能需要补充进来，哪些功能是多余的。

RTW 是 MATLAB 图形建模和仿真环境 Simulink 的一个重要的补充功能模块，它是一个基于 Simulink 的代码自动生成环境。它能直接从 Simulink 的模型中产生优化的、可移植的和个性化的代码，并根据目标配置自动生成多种环境下的程序。利用它可加速仿真过程，生成可在不同的快速原型化实时环境或产品目标下运行的程序。RTW 提供了一个实时的开发环境——从系统设计到硬件实现的直接途径。

使用 RTW 进行实时硬件的设计测试，用户可以缩短开发周期，降低成本。RTW 可以将模型自动转换为代码，在硬件上运行动态系统的模型，同时还支持基于模型的调试。RTW 十分适用于加速仿真过程、快速原型化、形成完善的实时仿真解决途径和生成产品级嵌入式应用程序[98, 99]。采用 MathWorks 工具箱可有效地缩短产品开发周期，降低开发成本，同时可设计出高质量的产品[100-103]。

RTW 是一个适用于多重操作系统和硬件类型的开放系统，有多种方法可以修改和扩展 RTW 的关键部分。通过对如下部分的修改，用户可按照自己的需要对 RTW 的程序创建过程进行配置[100]。

（1）Simulink 和模型文件（model.mdl）　Simulink 提供了一种高级语言（VHLL）开发环境，其语言元素是用图形化来表示算法的模块和子系统。

（2）模板联编文件和程序联编文件　程序联编文件（model.mk）的作用是对所生成代码的编译和链接过程进行控制。图 2-5 显示了 RTW 的体系结构。

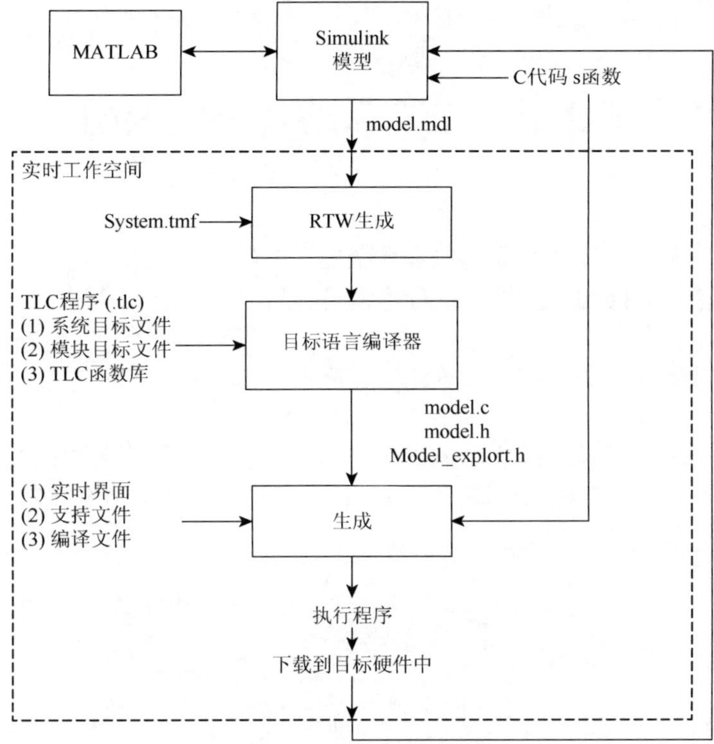

图 2-5　RTW 的开放式体系结构

2.3　本 章 小 结

本章搭建了六自由度八执行器并联冗余驱动的冗余电液振动试验台，介绍了试验台的组成和性能参数及其控制系统软硬件组成。

第 3 章　电液振动台系统模型

为了研究振动加载并联驱动电液系统的动态特性，需要对系统的液压伺服动力机构（包括伺服阀和液压缸）进行建模与分析。

3.1　电液系统开环模型

图 3-1（a）是单液压缸驱动的液压动力机构模型，采用对称阀控制对称缸形式的液压动力机构，主要由伺服阀、液压动力机构、压力传感器和蓄能器等构成。图 3-1（b）是简化的原理图。

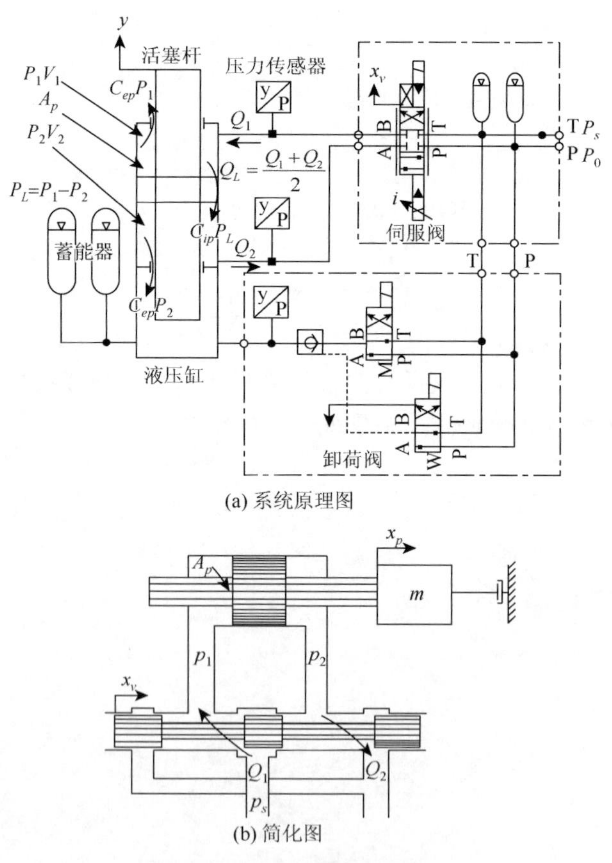

(a) 系统原理图

(b) 简化图

图 3-1　液压动力机构模型

1. 四通滑阀的流量方程

在建立四通阀的流量方程的时候，首先要假设四通阀是零开口阀、四个节流窗口是匹配和对称的、供油压力 p_s 恒定及回油压力 p_0 为零。图 3-2 中各物理量以箭头所示的方向为正方向。当四通阀阀芯沿着箭头所示的方向移动时，流进液压缸进油腔的流量为[104]

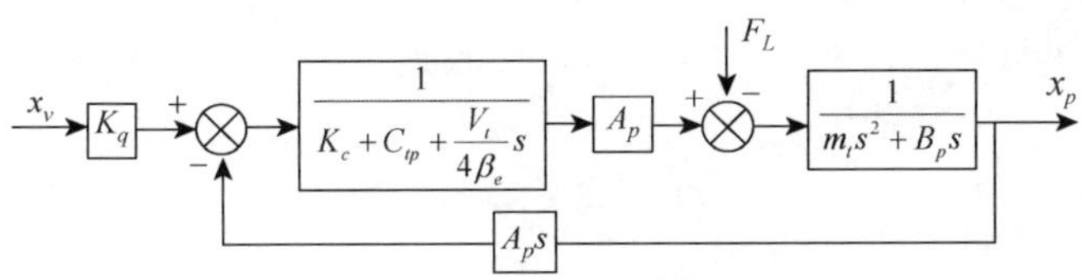

图 3-2　液压动力系统方框图

$$Q_1 = C_d w x_v \sqrt{\frac{2}{\rho}(p_s - p_1)} \tag{3-1}$$

流出液压缸回油腔的流量为

$$Q_2 = C_d w x_v \sqrt{\frac{2p_2}{\rho}} \tag{3-2}$$

式中，C_d 为滑阀的流量系数；w 为四通滑阀的阀口面积梯度（m）；x_v 为阀芯移动距离（m）；ρ 为液压油的密度（kg/m^3）；p_1、p_2 为进油腔和回油腔的压力（Pa）。

负载流量定义为

$$Q_L = \frac{1}{2}(Q_1 + Q_2) \tag{3-3}$$

将负载的压降定义为

$$p_L = p_1 - p_2 \tag{3-4}$$

当活塞处于中位时，液压缸两腔的容积相等，这时候液压油的压缩量对两腔的流量影响是一样的，此时，我们可以得到

$$p_s = p_1 + p_2 \tag{3-5}$$

由于四通滑阀工作在零开口附近，用泰勒级数展开，得到滑阀节流口流量的两个线性化方程[104]

$$\Delta Q_1 = K_q \Delta x_v - 2K_c \Delta p_1 \tag{3-6}$$

$$\Delta Q_2 = K_q \Delta x_v + 2K_c \Delta p_2 \tag{3-7}$$

将式（3-6）与式（3-7）相加，便可得出 ΔQ_L

$$\Delta Q_L = \frac{1}{2}(\Delta Q_1 + \Delta Q_2) = K_q \Delta x_v - K_c \Delta p_L \tag{3-8}$$

式中，$K_q = \dfrac{\partial Q_L}{\partial x_v} = C_d w\sqrt{\dfrac{(p_s - p_L)}{\rho}}$，为滑阀的流量增益（$m^2/s$）；$K_c = \dfrac{\partial Q_L}{\partial p_L} = \dfrac{C_d w x_v \sqrt{(p_s - p_L)/\rho}}{2(p_s - p_L)}$，为滑阀的流量压力系数（$m^5/N{\cdot}s$）。

式（3-8）即为一般形式的四通滑阀的线性流量方程，当活塞处于中位时，Q_1 和 Q_2 相等，一旦阀芯的位置改变，Q_1 和 Q_2 就不相等了，平衡即被破坏。考虑到被压缩的流量远比 Q_1 及 Q_2 小，对阀系数影响也非常小，所以式（3-8）依然可以近似认为是系统的流量方程，由于伺服阀工作在零位点附近，所以式（3-8）可写为[104]

$$Q_L = K_q x_v - K_c p_L \tag{3-9}$$

2. 液压缸的流量连续性方程[104]

假定：阀与液压缸的连接管道对称且短而粗，管道中的压力损失和管道的动态可以忽略；液压缸每个工作腔内各处压力相等，温度和体积弹性模量为常数；液压缸内外泄漏均为层流流动。

液压缸进油腔的流量连续性方程可写为

$$Q_1 = A_p \frac{\mathrm{d}x_p}{\mathrm{d}t} + C_{ip}(p_1 - p_2) + C_{ep} p_1 + \frac{V_1}{\beta_e} \cdot \frac{\mathrm{d}p_1}{\mathrm{d}t} \tag{3-10}$$

液压缸回油腔的流量连续性方程可写为

$$Q_2 = A_p \frac{\mathrm{d}x_p}{\mathrm{d}t} + C_{ip}(p_1 - p_2) - C_{ep} p_2 + \frac{V_2}{\beta_e} \cdot \frac{\mathrm{d}p_2}{\mathrm{d}t} \tag{3-11}$$

式中，A_p 为液压缸活塞有效面积（m^2）；x_p 为活塞位移（m）；C_{ip} 为液压缸内泄漏系数（$m^5/N{\cdot}s$）；C_{ep} 为液压缸外泄漏系数（$m^5/N{\cdot}s$）；β_e 为有效体积弹性模量（包括油液、连接管道和缸体的机械柔度）（N/m^2）；V_1 为液压缸的进油腔的容积（包括阀、连接管道和进油腔）（m^3）；V_2 为液压缸的回油腔的容积（包括阀、连接管道和回油腔）（m^3）。

式（3-10）和式（3-11）中等号右边的第一项是推动活塞运动所需要的流量，第二项是活塞的内泄漏流量，第三项是活塞的外泄漏流量，第四项是油液压缩和缸体变形所需要的流量。

液压缸工作腔的容积可写为[104]

$$V_1 = V_{01} + A_p x_p \tag{3-12}$$

$$V_2 = V_{02} - A_p x_p \tag{3-13}$$

式中，V_{01} 为进油腔的初始容积（m^3）；V_{02} 为回油腔的初始容积（m^3）。

由式（3-10）～式（3-13）可得流量连续性方程为

$$Q_L=\frac{Q_1+Q_2}{2}=A_p\frac{\mathrm{d}x_p}{\mathrm{d}t}+C_{ip}(p_1-p_2)+\frac{C_{ep}}{2}(p_1-p_2)$$
$$+\frac{1}{2\beta_e}\left(V_{01}\frac{\mathrm{d}p_1}{\mathrm{d}t}-V_{02}\frac{\mathrm{d}p_2}{\mathrm{d}t}\right)+\frac{A_px_p}{2\beta_e}\left(\frac{\mathrm{d}p_1}{\mathrm{d}t}+\frac{\mathrm{d}p_2}{\mathrm{d}t}\right)\tag{3-14}$$

式中，外泄漏量$C_{ep}p_1$和$C_{ep}p_2$通常很小，可忽略不计。如果压缩量$\frac{V_1}{\beta_e}\cdot\frac{\mathrm{d}p_1}{\mathrm{d}t}$和$-\frac{V_2}{\beta_e}\cdot\frac{\mathrm{d}p_2}{\mathrm{d}t}$相等，则$Q_1=Q_2$。由于阀是匹配和对称的，所以通过滑阀节流口的流量也相等。这样，在动态时$p_s=p_1+p_2$也适用，由于$p_L=p_1-p_2$，得

$$\frac{\mathrm{d}p_1}{\mathrm{d}t}=\frac{1}{2}\frac{\mathrm{d}p_L}{\mathrm{d}t}=-\frac{\mathrm{d}p_2}{\mathrm{d}t}\tag{3-15}$$

若流量相等，则液压缸的两腔初始容积相等，即

$$V_{01}=V_{02}=\frac{V_t}{2}\tag{3-16}$$

由于A_px_p远小于V_0，$\frac{\mathrm{d}p_1}{\mathrm{d}t}+\frac{\mathrm{d}p_2}{\mathrm{d}t}\approx 0$，则式（3-14）可简化为

$$Q_L=A_p\frac{\mathrm{d}x_p}{\mathrm{d}t}+C_{tp}p_L+\frac{V_t}{4\beta_e}\cdot\frac{\mathrm{d}p_L}{\mathrm{d}t}\tag{3-17}$$

式中，$C_{tp}=C_{ip}+\frac{C_{ep}}{2}$为液压缸总的泄漏系数（$\mathrm{m^5/N\cdot s}$）。

3. 液压缸和负载的力平衡方程

液压缸的输出力与负载力的平衡方程为

$$A_pp_L=m_t\frac{\mathrm{d}^2x_p}{\mathrm{d}t^2}+B_p\frac{\mathrm{d}x_p}{\mathrm{d}t}+F_L\tag{3-18}$$

式中，m_t为活塞及负载折合到活塞上的总质量（kg）；B_p为活塞及负载的黏性阻尼系数（N·s/m）；F_L为作用在活塞上的任意外负载力（N）。

对式（3-9）、式（3-17）和式（3-18）进行化简，得到振动台液压动力机构模型，其方框图如图3-2所示。

对方块图进行化简，得到活塞杆的输出位移x_p为

$$x_p=\frac{\frac{K_q}{A_p}x_v-\frac{K_{ce}}{A_p^{\ 2}}\left(1+\frac{V_t}{4\beta_eK_{ce}}\right)F_L}{s\left(\frac{s^2}{\omega_h^2}+\frac{2\xi_h}{\omega_h}s+1\right)}\tag{3-19}$$

式中，$K_{ce}=K_c+C_{tp}$；$w_h=\sqrt{\dfrac{4\beta_e A_p^2}{m_t V_t}}$ 为无阻尼液压固有频率（rad/s）；$\xi_h=\dfrac{K_{ce}}{A_p}\cdot\sqrt{\dfrac{\beta_e m_t}{V_t}}+\dfrac{B_p}{4A_p}\sqrt{\dfrac{V_t}{\beta_e m_t}}$ 为液压阻尼比。

对式（3-19）分析可以看出，其分子中第一项为活塞不受外界扰动的空载速度，第二项是由外负载力造成的速度降低。在对系统进行研究分析时，不考虑外负载力的影响。因此液压动力系统的传递函数可表示为[104]

$$\frac{X_p}{X_v}=\frac{\dfrac{K_q}{A_p}}{s\left(\dfrac{s^2}{\omega_h^2}+\dfrac{2\xi_h}{\omega_h}s+1\right)} \tag{3-20}$$

考虑伺服阀的动态特性

$$G_{sv}(s)=\frac{X_v(s)}{I_A(s)}=\frac{K_{sv}}{\dfrac{s^2}{\omega_{sv}^2}+\dfrac{2\xi_{sv}}{\omega_{sv}}s+1} \tag{3-21}$$

式中，K_{sv} 为伺服阀增益；ω_{sv} 为伺服阀的固有频率；ξ_{sv} 为伺服阀的阻尼比。

联立式（3-20）和式（3-21），可以得到振动加载的液压动力机构的开环动态特性

$$G_{op}(s)=\frac{K_g}{s\left(\dfrac{s^2}{\omega_{sv}^2}+\dfrac{2\xi_{sv}}{\omega_{sv}}s+1\right)\left(\dfrac{s^2}{\omega_h^2}+\dfrac{2\xi_h}{\omega_h}s+1\right)} \tag{3-22}$$

式中，$K_g=K_{sv}K_q/A_p$ 为系统的开环增益。

模型的各个参数如表 3-1 所示，图 3-3 是仿真模型与试验台的动态特性曲线对比图，所建立的仿真模型可以很好地与试验台的动态特性吻合。

表 3-1　液压动力机构的主要参数

参数	参数符号	数值
流量线性化增益系数	K_q	0.00145（m^3/s）/V
流量压力系数	K_c	$2\times10^{-12}m^3$/（s·Pa）
伺服阀增益	K_{sv}	$4m^3$/（s·A）
液压缸有效面积	A_p	$1.88\times10^{-3}m^2$
液压缸和活塞杆阻尼	B_c	25000N/（m/s）
内泄漏系数	C_{ip}	$4.6\times10^{-17}m^3$/（s/Pa）
外泄漏系数	C_{ep}	$4.6\times10^{-17}m^3$/（s/Pa）
总泄漏流量	V_t	$0.96\times10^{-3}m^3$

续表

参数	参数符号	数值
有效弹性模量	β_e	6.9×10^{8}Pa
液压缸固有频率	ω_h	32Hz
液压缸阻尼比	ξ_h	0.35
伺服阀固有频率	ω_{sv}	100Hz
伺服阀阻尼比	ξ_{sv}	0.7

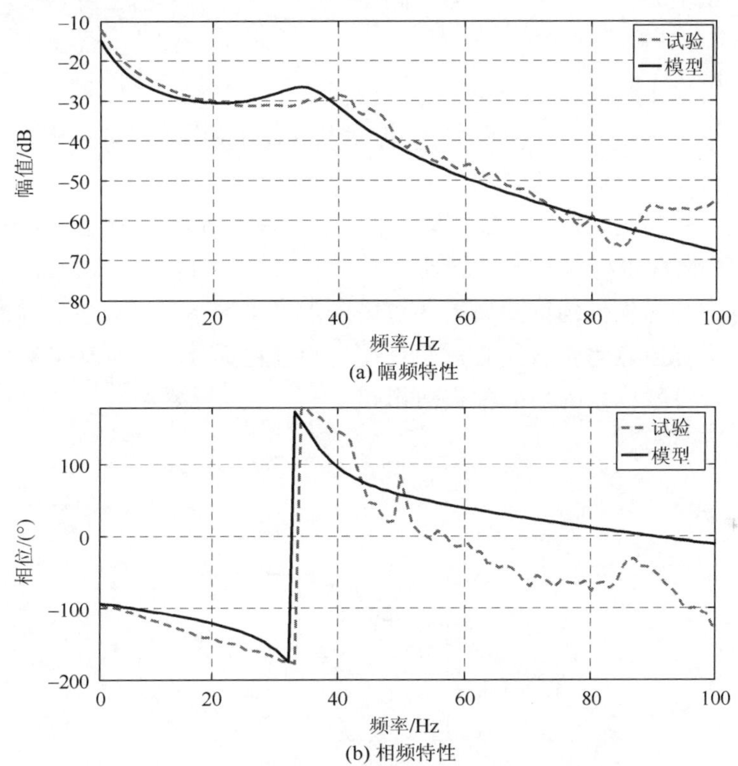

(a) 幅频特性

(b) 相频特性

图 3-3　振动加载的动力机构的开环动态特性

3.2　本 章 小 结

本章建立了冗余驱动六自由度振动模拟平台的其中一个电液伺服作动器的液压动力机构的模型，给出了该模型的仿真参数，仿真模型和试验对比验证了所建立模型的正确性。

第 4 章　并联冗余驱动电液振动台协调控制

本章将对六自由度八执行器冗余驱动的电液振动台系统的协调控制进行相关理论分析和试验验证，包括冗余驱动的自由度协调控制、内力解耦控制及其试验验证。

4.1　六自由度振动模拟协调控制

为描述台面的运动情况，需要建立两个坐标系，惯性坐标系 $o-xyz$ 和动坐标系 $o-x'y'z'$ 。惯性坐标系与大地固连，坐标原点位于台体处于初始位置时平台质心所在位置，其各坐标轴指向如图 4-1 所示。动坐标系与平台质心固连，并随负载运动，其坐标原点为负载质心，两者在初始位置重合，并且动坐标系各坐标轴指向始终与惯性坐标系的坐标轴指向相同。

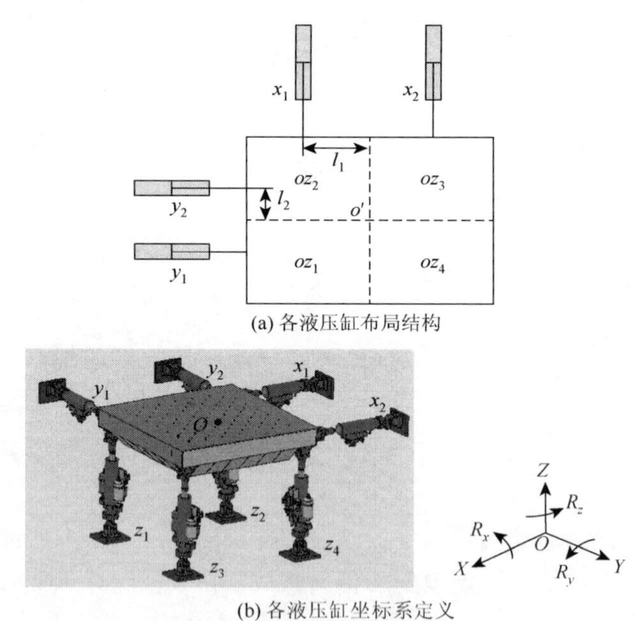

(a) 各液压缸布局结构

(b) 各液压缸坐标系定义

图 4-1　冗余驱动液压振动台结构图

六自由度振动台的台面能够在有限的空间内实现六自由度运动，分别是质心的三维平动和平台绕三个轴的转动，而且其空间的任何姿态都由这六种姿态合成，定义平台的广义坐标为

$$\bar{\boldsymbol{x}}=[X,Y,Z,R_x,R_y,R_z]^{\mathrm{T}} \tag{4-1}$$

式中，X、Y、Z 分别为平台质心的在 x_o、y_o、z_o 方向上的平动；R_x、R_y、R_z 分别为平台绕 x、y、z 三个方向的转动。

平台的广义坐标是振动台需要控制的目标，其驱动由 8 支液压缸的伸缩变化来实现，这种从姿态解算缸长的过程称为反解，而从缸长解算姿态的过程称为正解，理论上姿态和缸长能够进行更加确切的转换，但是对于振动台，转换过程是具有严重非线性的。

由于六自由度振动台主要要求复现加速度波形，其位移输出较小，转角输出很小或者没有转动，可以简化，即激振器之间不存在牵连运动。

并联驱动机构的刚体自由度和执行器定义如下。

自由度：$0\leqslant m\leqslant 6$。

执行器：$n\geqslant m$。

根据图 4-2 的六自由度振动系统，$m=6$，$n=8$。根据 m 和 n 的关系，可知该振动台为冗余驱动系统，是一种静不定系统。对于冗余振动台只能列出 6 个平衡方程，但有 8 个以上的驱动器，因此无法准确进行姿态和缸长之间的求解，取而代之的是一种趋势控制策略，即不能精确地控制各个缸之间的精确位移，使得振动台具有特定的趋势，以符合振动信号的规律。但是采用这种方式通常并不能得到满意的振动信号，而且其伺服系统的最外环又是位置闭环。因此伺服闭环通常仅是振动系统的一部分，最外环还要加入振动控制器，以实现相对准确的功率谱复现，这样内环的精确控制就显得不那么重要，自由度控制也就变得可行。

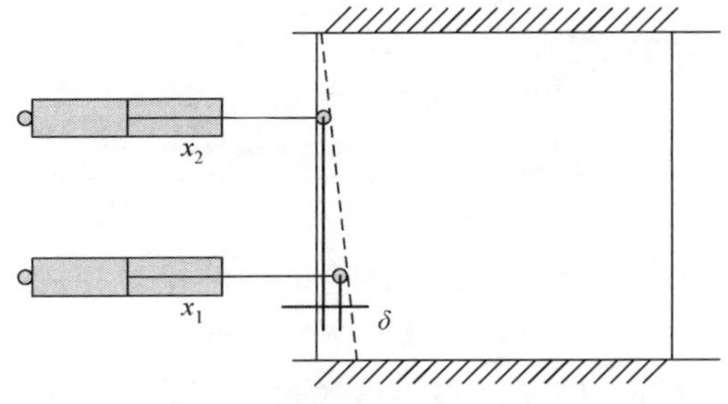

图 4-2　单自由度冗余驱动

参考图 4-2，并联冗余驱动振动台的自由度和执行器的关系[42]

$$[\boldsymbol{C}\ \ \boldsymbol{D}]\begin{bmatrix}\bar{\boldsymbol{x}}\\ \boldsymbol{T}\end{bmatrix}=\boldsymbol{y} \tag{4-2}$$

式中，$\bar{\boldsymbol{x}}$ 为六自由度位移矢量，定义为 $\bar{\boldsymbol{x}}=[X,Y,Z,R_x,R_y,R_z]^{\mathrm{T}}$；$\boldsymbol{T}$ 为冗余驱动下的位移，即冗余出的 2 个液压缸的位移矢量定义为 $\boldsymbol{T}=[T_V,T_H]^{\mathrm{T}}$；$\boldsymbol{y}$ 为所有液压缸的位移矢量，定义为 $\boldsymbol{y}=[x_1,x_2,y_1,y_2,z_1,z_2,z_3,z_4]^{\mathrm{T}}$；$\boldsymbol{C}$ 和 $\boldsymbol{D}$ 为矩形矩阵。

根据振动台各执行器布局，定义自由度为

$$\begin{cases}X=0.5(x_1+x_2)\\ Y=0.5(y_1+y_2)\\ Z=0.25(z_1+z_2+z_3+z_4)\\ R_x=0.25(-z_1-z_2+z_3+z_4)\\ R_y=0.25(-z_1+z_2-z_3+z_4)\\ R_z=0.25x_1-0.25x_2+\dfrac{l_1}{l_2\times 4}y_1-\dfrac{l_1}{l_2\times 4}y_2\end{cases} \tag{4-3}$$

根据式（4-3），执行器与自由度之间的转换关系可简化为

$$\bar{\boldsymbol{x}}=\boldsymbol{P}\boldsymbol{y} \tag{4-4}$$

式中，$\boldsymbol{P}$ 为八执行器转换为六自由度的过渡矩阵，定义为合成矩阵。

根据式（4-2）以及式（4-3）定义，且 $\boldsymbol{T}$=0，得到

$$\boldsymbol{C}\bar{\boldsymbol{x}}=\boldsymbol{y} \tag{4-5}$$

式中，$\boldsymbol{C}$ 为六自由度转换为八执行器的过渡矩阵，定义为分解矩阵。

联立式（4-4）和式（4-5），得到

$$\boldsymbol{P}\boldsymbol{C}=\boldsymbol{I} \tag{4-6}$$

根据式（4-6），可以看到分解矩阵 $\boldsymbol{C}$ 是合成矩阵 $\boldsymbol{P}$ 的逆，利用 MATLAB 工具箱的 pinv 即可得到矩阵 $\boldsymbol{C}$。

冗余驱动自由度定义为

$$\begin{cases}T_V=0.25(z_2-z_1+z_3-z_4)\\ T_H=0.25x_1-0.25x_2-\dfrac{l_1}{l_2\times 4}y_1+\dfrac{l_1}{l_2\times 4}y_2\end{cases} \tag{4-7}$$

根据式（4-7），执行器到冗余自由度之间的转换可简化为

$$\boldsymbol{T}=\boldsymbol{Q}\boldsymbol{y} \tag{4-8}$$

式中，$\boldsymbol{Q}$ 为八执行器转换为冗余两自由度的过渡矩阵，定义为冗余合成矩阵。

根据式（4-2），式（4-9）成立，即

$$\boldsymbol{D}\boldsymbol{T}=\boldsymbol{y} \tag{4-9}$$

联立式（4-8）和式（4-9），得到

$$\boldsymbol{QD}=\boldsymbol{I} \tag{4-10}$$

根据式（4-2）的 $\boldsymbol{y}=\boldsymbol{C}\overline{\boldsymbol{x}}+\boldsymbol{DT}$ 和式（4-6）的 $\boldsymbol{PC}=\boldsymbol{I}$，将式（4-2）右乘 $\boldsymbol{P}$，得到

$$\boldsymbol{Py}=\boldsymbol{PC}\overline{\boldsymbol{x}}+\boldsymbol{PDT} \tag{4-11}$$

$$\boldsymbol{Py}=\overline{\boldsymbol{x}}+\boldsymbol{PDT} \tag{4-12}$$

考虑式（4-4）、$\overline{\boldsymbol{x}}=\boldsymbol{Py}$ 和式（4-10），得到

$$\boldsymbol{PDT}=0 \tag{4-13}$$

因此，$\boldsymbol{T}=0$，冗余自由度的运动为 0。

前 6 个自由度反映了实际的缸长和运动趋势的关系，而后 2 个自由度是被限制的自由度，其中 T_V 有让台面变成马鞍形状的趋势，而 T_H 有让台面变成菱形的趋势，这两个自由度都是被约束的自由度，在系统正常时，T_V 和 T_H 两个自由度的运动均为 0，加入这两个自由度的好处是，系统能够具有唯一解，使得振动台能够准确地定位和控制，这种控制方式称为八自由度控制。

给出 l_1 和 l_2 的长度比例就可以得到系统的自由度合成矩阵和分解矩阵，系统的比例依赖于实际振动台的尺寸，为了方便起见，这里假设 $l_1=l_2$，以便求出分解矩阵。将式（4-2）统一为

$$\overline{\boldsymbol{u}}_{dD}=\boldsymbol{H}_h\overline{\boldsymbol{u}}_y \tag{4-14}$$

式中，$\overline{\boldsymbol{u}}_{dD}$ 为合成后的自由度反馈信号，$\overline{\boldsymbol{u}}_{dD}=[X,Y,Z,R_x,R_y,R_z,T_v,T_h]^{\mathrm{T}}$；$\overline{\boldsymbol{u}}_y$ 为反馈的缸长信号，$\overline{\boldsymbol{u}}_y=[x_1,x_2,y_1,y_2,z_1,z_2,z_3,z_4]^{\mathrm{T}}$。

根据式（4-4）和式（4-8），$\boldsymbol{H}_h$ 可定义为

$$\boldsymbol{H}_h=\begin{bmatrix}\boldsymbol{P}\\ \boldsymbol{Q}\end{bmatrix} \tag{4-15}$$

结合式（4-3）、式（4-7）和式（4-15），得到矩阵 $\boldsymbol{H}_h$

$$\boldsymbol{H}_h=\begin{bmatrix} 0.5 & 0.5 & 0 & 0 & 0 & 0 & 0 & 0\\ 0 & 0 & 0.5 & 0.5 & 0 & 0 & 0 & 0\\ 0 & 0 & 0 & 0 & 0.25 & 0.25 & 0.25 & 0.25\\ 0 & 0 & 0 & 0 & -0.25 & -0.25 & 0.25 & 0.25\\ 0 & 0 & 0 & 0 & -0.25 & 0.25 & -0.25 & 0.25\\ 0.25 & -0.25 & 0.25 & -0.25 & 0 & 0 & 0 & 0\\ 0 & 0 & 0 & 0 & -0.25 & 0.25 & 0.25 & -0.25\\ 0.25 & -0.25 & -0.25 & 0.25 & 0 & 0 & 0 & 0 \end{bmatrix} \tag{4-16}$$

根据式（4-5）和式（4-8），$\boldsymbol{H}_f$ 可定义为

$$\boldsymbol{H}_f=\begin{bmatrix}\boldsymbol{C}\\\boldsymbol{D}\end{bmatrix} \tag{4-17}$$

求 $\boldsymbol{H}_h$ 阵逆，可得自由度分解矩阵 $\boldsymbol{H}_f$ 为

$$\boldsymbol{H}_f=\begin{bmatrix}1&0&0&0&0&1&0&1\\1&0&0&0&0&-1&0&-1\\0&1&0&0&0&1&0&-1\\0&1&0&0&0&-1&0&1\\0&0&1&-1&-1&0&-1&0\\0&0&1&-1&1&0&1&0\\0&0&1&1&-1&0&1&0\\0&0&1&1&1&0&-1&0\end{bmatrix} \tag{4-18}$$

4.2 内力解耦控制

冗余驱动并联机构是一个超静定机构，存在内力耦合问题，内力耦合会导致振动台在平衡位置“憋死”而无法正常运动，或者因为产生运动异常而导致异常振动。内力耦合的产生原因主要有：平台的加工误差及机械安装误差，如 z 方向，在三个液压缸安装后基本一个平面就确定了，第四个液压缸就会难以安装，在位置闭环的时候就会产生位置不一致的现象，而且加工误差所产生的影响不仅是静态的，有时候还是动态的；在进行解算的时候，要对模型进行简化，当系统运行较大的时候，牵连运动就会表现非常明显，牵连运动也会导致内力的产生。只有消除了内力耦合问题，振动台才能够正常运行，为此可以将液压缸的压差加入激振器的控制中，以消除内力耦合问题，称为压力解耦控制。

4.2.1 内力解耦控制的基本原理

内力解耦控制是基于自由度控制的思想实现的，图 4-2 是单向冗余驱动系统，在理想情况下，两个液压缸可以协调运动，共同推动质量块运动，一旦存在加工偏差，两个液压缸之间就会出现内力耦合问题。因为采用自由度协调控制，两个液压缸会得到同样的驱动信号，但是由于加工和安装误差或者标定产生的误差，两者的实际位移相差 δ，则系统在理想的平衡位置不可能得到真正平衡，由于系统的闭环作用，两个液压缸趋向于相等，台体以及两个液压缸之间会产生比较严重的内力耦合，即

$$P_x = K_x \delta / A \tag{4-19}$$

式中，K_x 为液压缸及球铰在 x 方向的总刚度；A 为液压缸的有效作用面积。

解决该问题主要办法：①在安装完成后对液压缸进行标定，调整位移传感器的零位，使其在平衡状态时压力输出为 0；②把压差状态引入伺服控制，将压差转化为液压缸额外位移，保证系统在平衡状态的时候压差趋近于 0。第一种策略不可能完全满足复杂的六自由度振动台，因此提出位移零位和压差控制复合控制伺服，以消除振动台的内力，完成内力解耦控制。

假设两液压缸的压差平均值为

$$\overline{P}_x = (P_{x_1} + P_{x_2})/2 \tag{4-20}$$

在液压伺服系统的最内环设置一个压力闭环，用于消除两液压缸之间的压力差，使得

$$P'_{x_1} = P_{x_1} + \overline{P}_x = 0 \tag{4-21}$$

$$P'_{x_2} = P_{x_2} - \overline{P}_x = 0 \tag{4-22}$$

式中，P'_{x_1}、P'_{x_2} 为液压缸期望的输出压力。

这里的压力闭环并不是压力反馈，其最终目的是平衡两缸的压力，而非提高系统的阻尼比，也就是说反馈的目的是消除两缸的压差，该反馈也不是以压力的形式反馈到系统中，而是以位移的量加入系统中，通过调整液压缸的位移来平衡系统的压差，以消除内力。基于这种理念，可以将压力解耦控制方法扩展到六自由度振动台中，用于弥补机械误差和计算误差。

4.2.2　冗余驱动振动台的内力解耦控制

根据内力解耦控制基本原理，可以得出六自由度振动台的压力解耦控制方法：首先应该对传感器进行标定，可消除绝大部分的压差，减少振动台加工误差所带来的影响，利用各激振器的出力与各自由度平均力的差为反馈值，在原本的误差信号基础上减去压差影响，以达到削弱内力的目的。控制器的原理如图 4-3 所示。

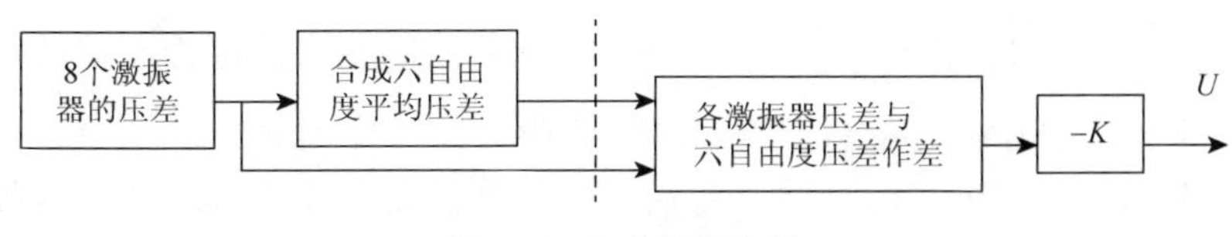

图 4-3　内力解耦方法

设某一时刻各激振器输出的压力 $\boldsymbol{P}' = \left[P'_{x_1}\ P'_{x_2}\ P'_{y_1}\ P'_{y_2}\ P'_{z_1}\ P'_{z_2}\ P'_{z_3}\ P'_{z_4}\right]^{\mathrm{T}}$，其中由于

耦合造成的压差分别为 $\boldsymbol{P}=\left[P_{x_1}\ P_{x_2}\ P_{y_1}\ P_{y_2}\ P_{z_1}\ P_{z_2}\ P_{z_3}\ P_{z_4}\right]^{\mathrm{T}}$。类似于自由度合成原理，把激振器的出力合成为振动台自由度的平均力

$$\begin{cases}\overline{P}_x=0.5(P'_{x_1}+P'_{x_2})\\ \overline{P}_y=0.5(P'_{y_1}+P'_{y_2})\\ \overline{P}_z=0.25(P'_{z_1}+P'_{z_2}+P'_{z_3}+P'_{z_4})\\ \overline{P}_{R_x}=0.25(P'_{z_3}+P'_{z_4}-P'_{z_1}-P'_{z_2})\\ \overline{P}_{R_y}=0.25(P'_{z_2}+P'_{z_4}-P'_{z_1}-P'_{z_3})\\ \overline{P}_{R_z}=0.25(P'_{x_1}-P'_{x_2}+P'_{y_1}-P'_{y_2})\end{cases} \tag{4-23}$$

为了抑制内力耦合，就需要减小内力，使得各个激振器的出力尽量向平均值逼近，最终得到折中，这样可以求解出激振器检测的压差与平均值之间的差距，然后乘上特定的系数加到伺服阀驱动信号上，根据平均力的情况可以推导其差值，得到近似的内力，即

$$\begin{cases}P_{x_1}=P'_{x_1}-\overline{P}_x-\overline{P}_{R_z}\\ P_{x_1}=P'_{x_2}-\overline{P}_x+\overline{P}_{R_z}\\ P_{y_1}=P'_{y_1}-\overline{P}_y-\overline{P}_{R_z}\\ P_{y_2}=P'_{y_2}-\overline{P}_y+\overline{P}_{R_z}\\ P_{z_1}=P'_{z_1}-\overline{P}_z+\overline{P}_{R_x}+\overline{P}_{R_y}\\ P_{z_2}=P'_{z_2}-\overline{P}_z+\overline{P}_{R_x}-\overline{P}_{R_y}\\ P_{z_3}=P'_{z_3}-\overline{P}_z-\overline{P}_{R_x}+\overline{P}_{R_y}\\ P_{z_4}=P'_{z_4}-\overline{P}_z-\overline{P}_{R_x}-\overline{P}_{R_y}\end{cases} \tag{4-24}$$

接下来需要加入控制量，即

$$\boldsymbol{U}=\left[U_{x_1}\ U_{x_2}\ U_{y_1}\ U_{y_2}\ U_{z_1}\ U_{z_2}\ U_{z_3}\ U_{z_4}\right]^{\mathrm{T}}$$

有

$$\boldsymbol{U}=-\mathrm{diag}\left\{K_{x_1},K_{x_2},K_{y_1},K_{y_2},K_{z_1},K_{z_2},K_{z_3},K_{z_4}\right\}\cdot\boldsymbol{P}$$

式中，K_{x_i}、K_{y_i} (i=1, 2)和 K_{z_j} (j=1, 2, 3, 4)为各激振器压力镇定控制器的增益。

上述传统的压力镇定控制器需要调节各激振器的控制量 $\boldsymbol{U}$，调节参数较多，而且由于各激振器之间的相互耦合关系，各参数之间相互关联，调节过程复杂。首先，调节各激振器的位移传感器零点，消除台体安装造成的误差，那么冗余驱动振动台系统的内力耦合则主要来源于两个冗余自由度。因此，可通过控制两个冗余自由度的内力，实现内力解耦控制，如图 4-4 所示。

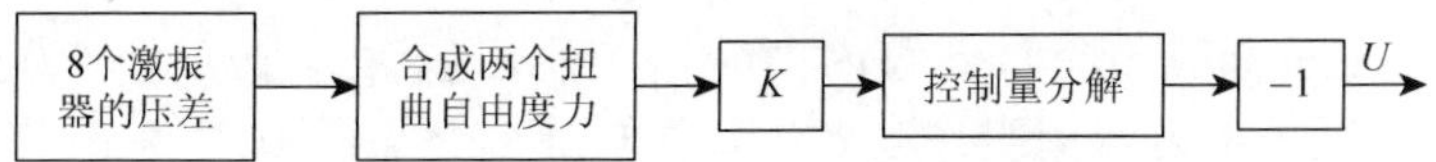

图 4-4　冗余自由度内力解耦控制

根据式（4-7），利用各激振器的出力可得两个冗余自由度的力为

$$\begin{bmatrix} F_{T_H} \\ F_{T_V} \end{bmatrix} = \begin{bmatrix} 0 & 0 & 0 & 0 & -0.25 & 0.25 & 0.25 & -0.25 \\ 0.25 & -0.25 & -0.25 & 0.25 & 0 & 0 & 0 & 0 \end{bmatrix} \cdot \boldsymbol{P}' \tag{4-25}$$

压力镇定控制的目标是尽量减小两个扭曲自由度的力，而将两个扭曲自由度的力取反后按一定比例分解到各个激振器上，就可以达到减小扭曲自由度出力的目的。由各激振器间的几何关系可得

$$\boldsymbol{P} = \begin{bmatrix} 0 & 0 & 1 & -1 & 1 & 0 & 1 & 0 \\ 0 & 0 & 1 & 1 & 1 & 0 & -1 & 0 \end{bmatrix}^{\mathrm{T}} \cdot \begin{bmatrix} F_{T_H} \\ F_{T_V} \end{bmatrix} \tag{4-26}$$

此时压力镇定控制器变为

$$\boldsymbol{U} = -\begin{bmatrix} 0 & 0 \\ 0 & 0 \\ 1 & 1 \\ -1 & 1 \\ 1 & 1 \\ 0 & 0 \\ 1 & -1 \\ 0 & 0 \end{bmatrix} \cdot \begin{bmatrix} K_1 & 0 \\ 0 & K_2 \end{bmatrix} \cdot \begin{bmatrix} 0 & 0.25 \\ 0 & -0.25 \\ 0 & -0.25 \\ 0 & 0.25 \\ -0.25 & 0 \\ 0.25 & 0 \\ 0.25 & 0 \\ -0.25 & 0 \end{bmatrix}^{\mathrm{T}} \cdot \boldsymbol{P}' \tag{4-27}$$

根据式（4-27），内力解耦只需要调节两个参数，而且这两个参数相互独立，调节方便。

4.3　试 验 验 证

试验对冗余驱动六自由度振动模拟平台的各执行器协调控制及其内力解耦控制进行了试验验证，试验验证程序如图 4-5 所示，各个调试参数如图 4-6 所示，其中 Signal_generator 为振动模拟参考信号，可以是正弦、随机、扫频、阶跃信号等；AD_Pos_Acc_Press 为 AD 采集板卡，采用了研华板卡 PCI-1716L 采集，包括 8 路位移反馈、8 路加速度反馈和 8 路压差反馈，其中内力解耦控制的位移零点调节在位移反馈中进行了补偿，压差反馈被用于内力解耦控制；DOF_Com 模块则为自由度合成矩阵，采用式（4-22）矩阵；DOF_F 模块则为自由度分解矩阵，采用式（4-23）矩阵；Controller 则是自由度闭环控制，包括加速度、速度和位移反馈校正补偿；Inertial Force Dec 为内力解耦控制，包含 6 个可调节参数，冗余自由度设为 0；P_gain 为各伺服作动器位置闭环系统增益，包含 8 个可调节参数；8-channel_DA 为 8 路 DA 驱动信号，输出为–10～10V。

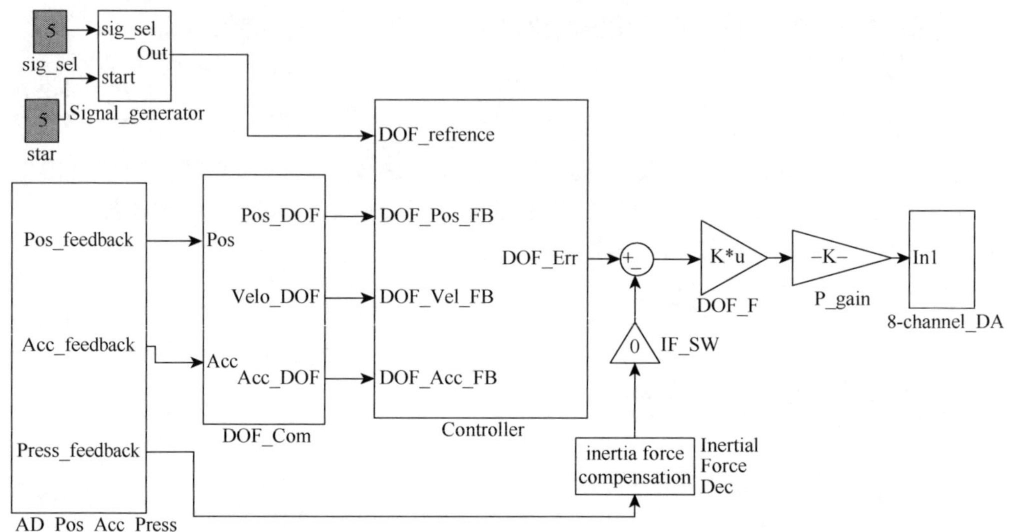

图 4-5　冗余驱动协调控制程序

图 4-6 是冗余驱动振动试验台解耦控制试验结果，表 4-1 是调节参数，由于垂直 4 个伺服作动器没有采用重力平衡装置，所以正常工况下每个伺服作动器两腔压差 3MPa 以消除平台自重。通过表 4-1 的参数可看到各位移传感器的零偏。因此，采用内力解耦前，该冗余驱动试验台无法运行，水平向 4 个液压缸的内力均达到了油源压力（7MPa），内力解耦后，内力降到很低，试验台可平稳运行。

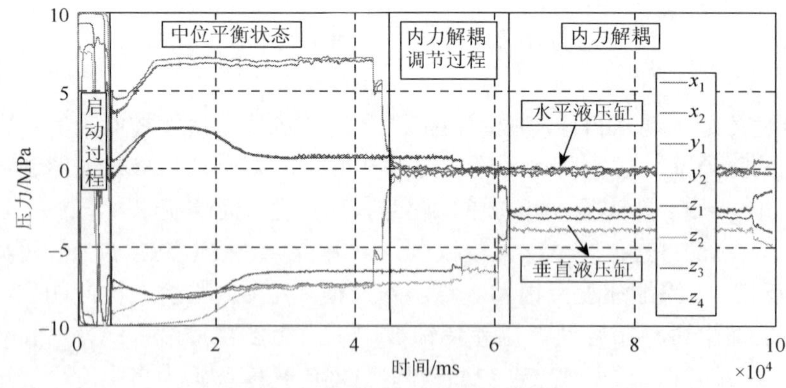

图 4-6　协调控制各参数

表 4-1　平衡状态下各个激振器的压差

激振器	压力镇定增益	LVDT 零偏/V	无 PSC/MPa	有 PSC/MPa
x_1	–0.03	0.03	–7.35	–0.1
x_2	–0.03	–0.05	6.93	–0.17
y_1	–0.05	–0.04	7.06	0.02
y_2	–0.05	0.05	–7.58	0.06
z_1	–0.04	–0.02	0.88	–2.61
z_2	–0.03	0.09	–7.43	–3.85
z_3	–0.04	0.01	–6.56	–3.1
z_4	–0.02	–0.03	0.69	–2.66

4.4　本 章 小 结

本章对六自由度八执行器冗余驱动的电液振动台的协调控制进行了理论研究，分析了冗余驱动电液系统内力产生的机理，根据内力耦合原理，设计了压力镇定控制器并进行了试验验证，试验结果表明该协调控制方法可以消除内力耦合问题。

第5章　电液振动台伺服控制系统

本章将对六自由度八执行器冗余驱动的电液振动台系统的伺服控制系统进行设计和试验验证，包括三状控制器和陷波器设计。

5.1　三状态控制器

三状态控制器是振动台控制系统的一个基本控制器，三个状态分别对应振动台系统的位移、速度和加速度。三状态控制器的原理如图 5-1 所示。该控制器是一种二自由度控制系统，包括三状态反馈部分和三状态前馈部分，其中三状态前馈的目的是对消液压系统位置闭环传递函数中距离虚轴较近的极点，拓展系统的频宽；三状态反馈是在位置闭环的基础上，分别采用加速度反馈和速度反馈提高液压动力机构的阻尼比和液压固有频率，保证系统在稳定条件下拓展系统工作频率范围。大型地震台激振系统一般均采用电液位置伺服系统。三状态控制器的设计是基于位置闭环控制系统，而振动台要求的控制方式是加速度控制，因此还需采用参考信号发生器将加速度信号转换为位置信号。

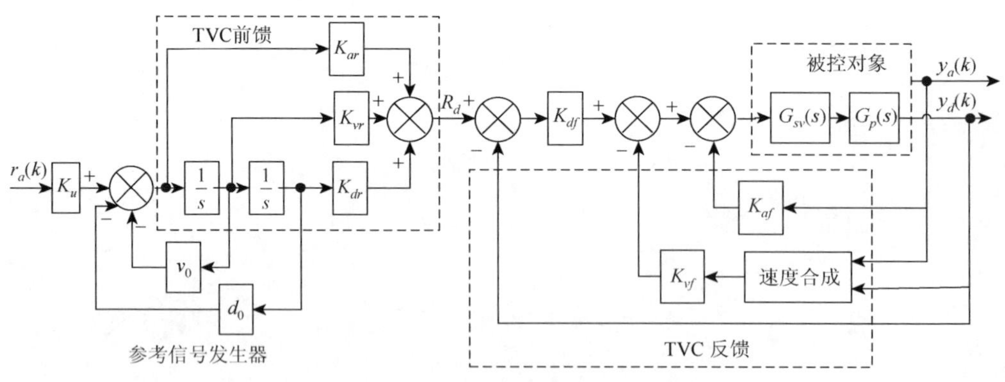

图 5-1　三状态控制器

5.1.1　参考信号发生器

三状态控制器的设计是一种基于位置闭环控制系统的极点配置控制策略，而振动台要求的是系统加速度输出复现控制输入，因此三状态输入回路不仅要满足极点配置的设计要求，而且具有将加速度输入信号转换成位移输入信号的功能，即对加速度输入信号进行二次滤波而得到位置信号。二次滤波器的结构如图 5-2 所示，图中 R_{ai} 是加速度信号，R_{di} 是生成的位移信号，K_u 是前向调节增益，用于调节输入信号的幅值。

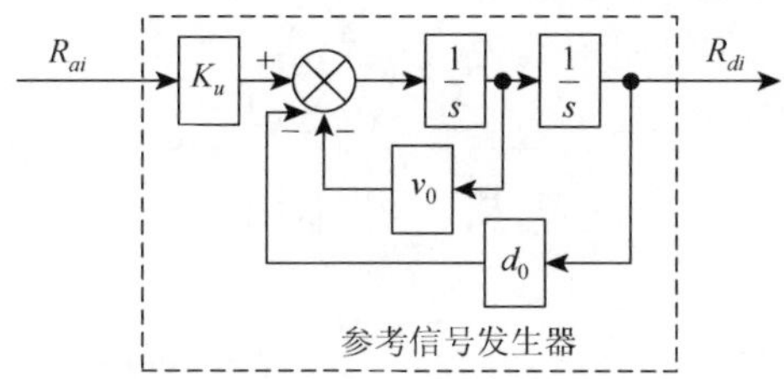

图 5-2　参考信号发生器

由图 5-2 可得到加速度信号发生器的传递函数为

$$G_{AR}(s)=\frac{R_{di}}{R_{ai}}=\frac{K_u}{s^2+v_0s+d_0} \tag{5-1}$$

式中，$d_0=\omega_0^2$，$v_0=2\zeta_0\omega_0$，并且 ω_0 是等加速度控制的起点频率，ζ_0 是阻尼比。

重写式（5-1），即

$$G_{AR}(s)=\frac{R_{di}}{R_{ai}}=\frac{K_u}{d_0\left(\dfrac{s^2}{\omega_0^2}+\dfrac{2\zeta_0}{\omega_0}s+1\right)} \tag{5-2}$$

5.1.2　三状态控制器

振动台激振系统可用典型的电液位置伺服系统描述，若不考虑伺服阀的动态特性，则系统的闭环频率特性可用如下传递函数近似描述

$$W(s)=\frac{1}{\left(\dfrac{s}{\omega_r}+1\right)\left(\dfrac{s^2}{\omega_{nc}^2}+\dfrac{2\xi_{nc}}{\omega_{nc}}s+1\right)} \tag{5-3}$$

式中，ω_r 为系统要求的加速度响应频宽所对应的频率（rad/s）；ω_{nc} 一般为 1.05～1.20 倍的液压固有频率[18]（rad/s）；ξ_{nc} 一般取 0.7，无量纲。

不考虑伺服阀的动态特性，单纯比例控制的典型电液位置伺服控制系统的开环特性为[104]

$$G(s)=\frac{K_v}{s\left(\dfrac{s^2}{\omega_h^2}+\dfrac{2\xi_h}{\omega_h}s+1\right)} \tag{5-4}$$

式中，ω_h 为系统液压动力机构的固有频率（rad/s）；ξ_h 为系统液压动力机构的阻尼比，无量纲；K_v 为比例控制时系统开环增益（1/s）。

加入三状态反馈控制后系统的方块图如图 5-3 所示，可以得到加入三状态反馈控制后系统的内部闭环传递函数为

$$G_c(s)=\frac{Y_d}{R_d}=\frac{K_{df}K_v}{\dfrac{s^3}{\omega_h^2}+\left(K_{af}K_v+\dfrac{2\xi_h}{\omega_h}\right)s^2+(K_{vf}K_v+1)s+K_{df}K_v} \tag{5-5}$$

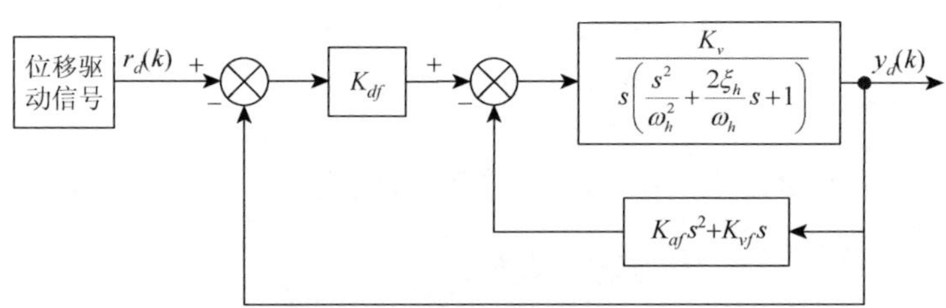

图 5-3　三状态反馈部分

由上述各式可见，加速度反馈提高系统的阻尼比，速度反馈提高系统的固有频率，但降低增益和阻尼比，但位移反馈可以看作前置放大提高系统的增益。通过合理调节这三个系数即可使系统具有令人满意的性能。

三状态反馈控制器的设计主要获得三状态反馈的三个参数（K_{df}、K_{vf} 和 K_{af}），使得经过三状态反馈调节的系统与期望的闭环系统特性一致，即有 $G_c(s)=W(s)$，令式（5-3）与式（5-5）相等，三个反馈参数的表达式为

$$\begin{cases} K_{df}=\dfrac{\omega_r\omega_{nc}^2}{K_v\omega_h^2} \\ K_{vf}=K_{df}\left(\dfrac{2\xi_{nc}}{\omega_{nc}}+\dfrac{1}{\omega_r}\right)-\dfrac{1}{K_v} \\ K_{af}=K_{df}\left(\dfrac{2\xi_{nc}}{\omega_r\omega_{nc}}+\dfrac{1}{\omega_{nc}^2}\right)-\dfrac{2\xi_h}{K_v\omega_h} \end{cases} \tag{5-6}$$

三状态前馈的作用是在三状态反馈调节满意之后串入 $B(s)$，对消闭环传递函数距离虚轴较近的极点，以拓展系统的频宽。令三状态前馈控制器为

$$B(s)=K_{dr}+K_{vr}s+K_{ar}s^2 \tag{5-7}$$

式中，K_{dr} 为三状态前馈位移增益；K_{vr} 为三状态前馈速度增益；K_{ar} 为三状态前

馈加速度增益。

为了易于比较，将式（5-7）变为

$$B(s)=K_{dr}\left(1+\frac{K_{dr}}{K_{dr}}s+\frac{K_{ar}}{K_{dr}}s^2\right) \tag{5-8}$$

为了对消式(5-3)在 ω_{nc} 处的极点，使式(5-7)与式(5-3)中的 $\left(\frac{s^2}{\omega_{nc}^2}+\frac{2\xi_{nc}}{\omega_{nc}}s+1\right)$ 相等，有下面关系

$$B(s)=K_{dr}\left(1+\frac{K_{dr}}{K_{dr}}s+\frac{K_{ar}}{K_{dr}}s^2\right)=\frac{s^2}{\omega_{nc}^2}+\frac{2\xi_{nc}}{\omega_{nc}}s+1 \tag{5-9}$$

为保证系统的增益不变，取 $K_{dr}=K_{df}$，可以解出三状态前馈的三个增益，即

$$\begin{cases} K_{vr}=K_{df}\dfrac{2\xi_{nc}}{\omega_{nc}} \\ K_{dr}=K_{df} \\ K_{ar}=\dfrac{K_{df}}{\omega_{nc}^2} \end{cases} \tag{5-10}$$

至此，三状态控制器的各个参数已完全设计出来。

5.2　陷波器设计

陷波器主要用于消除系统的谐振峰，它具有很深的零点，通过设计陷波器的中心频率和陷波器深度来抵消系统所出现的谐振峰。本书设计了一个简单方便的离线陷波器，根据振动台出现的谐振峰所处的频率及深度设计出陷波器，然后将设计出的陷波器对谐振峰进行补偿。

图 5-4 是本书设计的陷波器模型，其传递函数为

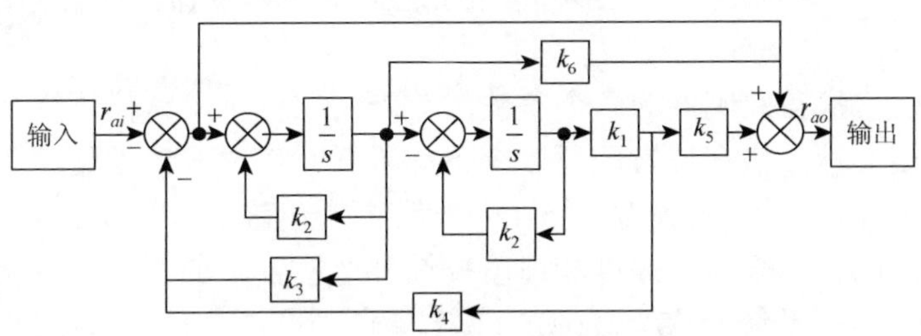

图 5-4　陷波器模型

$$G_f(s)=\frac{R_{ao}}{R_{ai}}=\frac{s^2+(2K_2+K_6)s+K_2K_2+K_2K_6+K_1K_5}{s^2+(2K_2+K_3)s+K_2K_2+K_2K_3+K_1K_4} \tag{5-11}$$

式中，K_1 为调节陷波器的中心频率的参数；K_2 为调节陷波器的宽度的参数；K_3 为调节陷波器的深度的参数；K_4 为调节陷波器低频处的幅值的参数；K_5 为调节陷波器高频处的幅值的参数；K_6 为调节陷波器的深度的参数，作用与 K_3 相反。

设计一个中心频率在 60Hz、深度为–4dB 的陷波器，各参数如表 5-1 所示，陷波器的频率特性如图 5-5 所示。

表 5-1　陷波器参数

参数	K_1	K_2	K_3	K_4	K_5	K_6
参数值	2.5	100	150	45000	50000	20

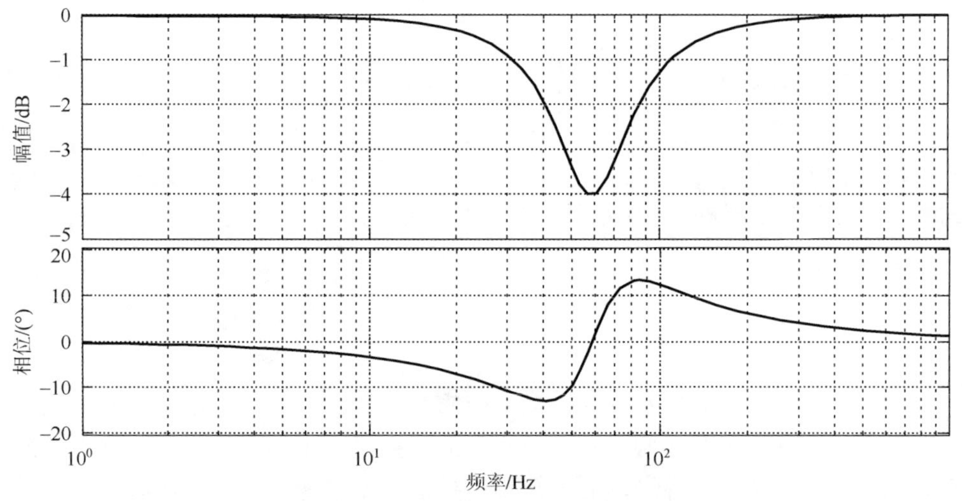

图 5-5　陷波器的频率特性

5.3　三状态控制器试验验证

为了调试三状态控制器的各个参数，首先利用位移阶跃信号进行系统调试，图 5-6（a）是单液压缸在位置闭环系统下的阶跃响应曲线，根据该图可以看出，系统响应为 80ms（系统频宽为 12.5Hz），系统的调整时间为 180ms，出现了 4 次振荡；图 5-6（b）是采用加速度和速度反馈补偿校正下的位置阶跃响应曲线，根据该图可以看出，系统响应为 80ms（系统频宽为 12.5Hz），系统的调整时间为 100ms，出现了 1 次振荡。因此，三状态反馈补偿校正提高了系统的阻尼比，进而提高了系统的稳定性，振荡次数大幅度下降且调整时间降低，三状态反馈控制器起到了很大作用。图 5-7 是三状态反馈控制下的频域特性对比曲线，可以看到：位置闭环系统的幅值振荡降低，相位频宽提高。图 5-8 是三状态反馈下的位置跟踪曲线。

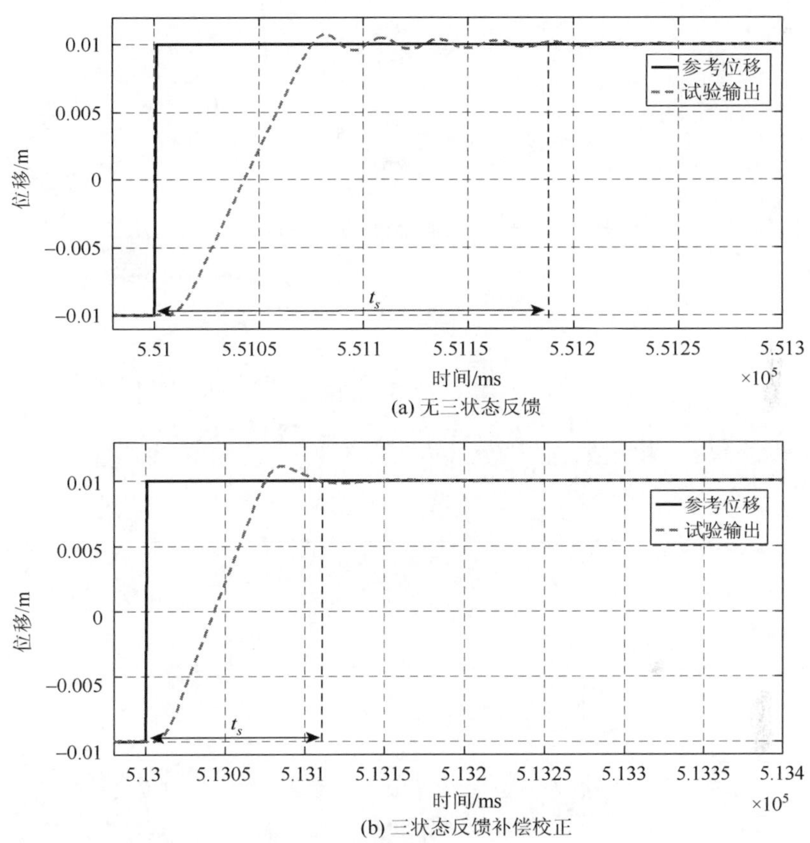

(a) 无三状态反馈

(b) 三状态反馈补偿校正

图 5-6　位移阶跃试验响应

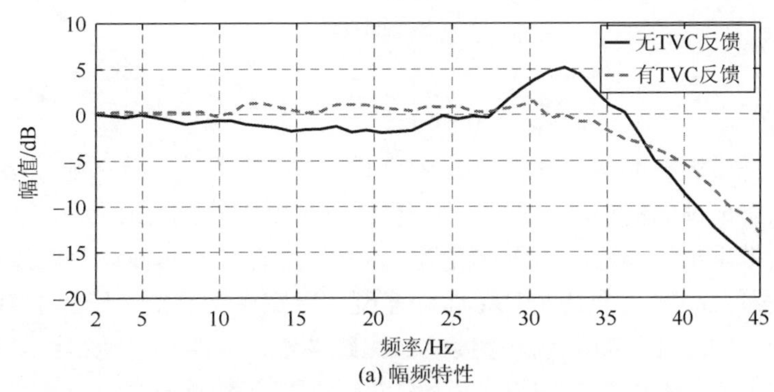

(a) 幅频特性

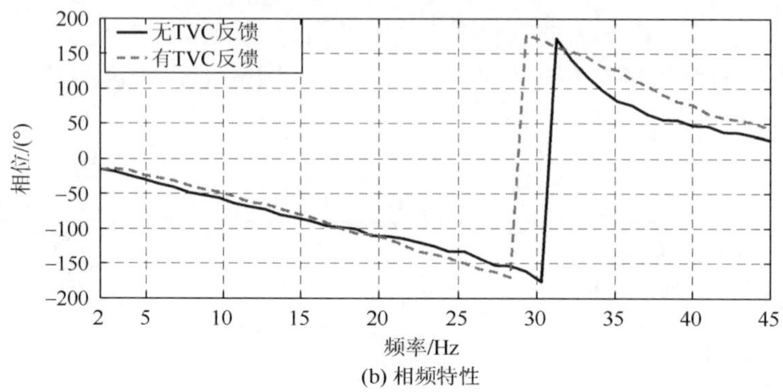

(b) 相频特性

图 5-7　基于三状态反馈控制的位移频率特性试验结果

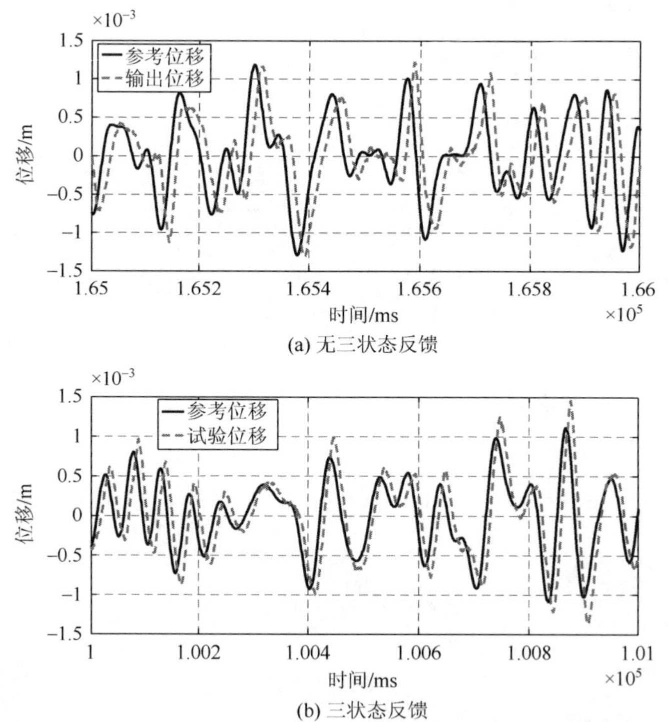

(a) 无三状态反馈

(b) 三状态反馈

图 5-8　位移时域特性跟踪曲线

在三状态反馈控制器调试成功的基础上，进一步调试三状态前馈参数，图 5-9 是有无三状态前馈的前提下，振动台加速度频域特性对比曲线，根据该图可以看出，无三状态前馈下加速度闭环系统频宽为 25Hz，而在三状态前馈补偿控制作用下，加速度闭环系统频宽上升到 55Hz；而加速度相频宽由无前馈补偿的 12Hz 上升到有前馈补偿的 50Hz。图 5-10 为加速度时域跟踪曲线，其跟踪性能得到了很大提高。因此，三状态前馈补偿控制在很大程度上提高了加速度响应频宽。图 5-11 是六自

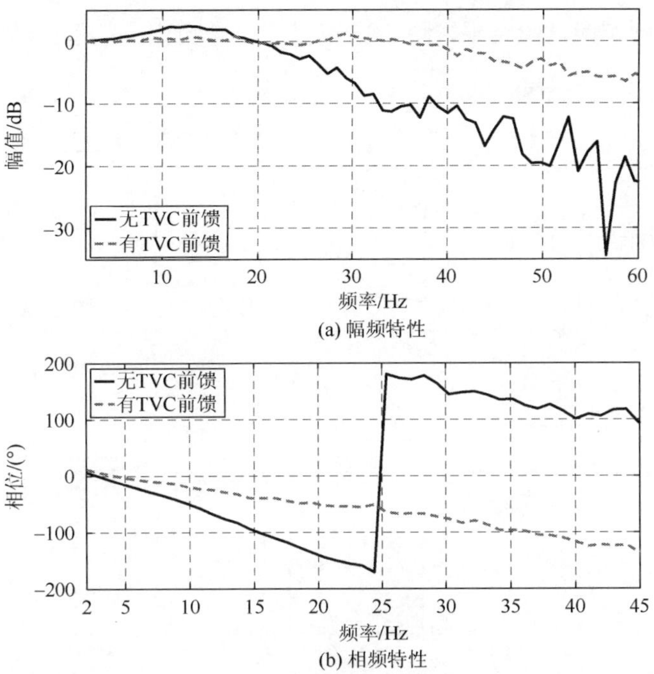

(a) 幅频特性

(b) 相频特性

图 5-9　基于三状态前馈控制的加速度频域特性

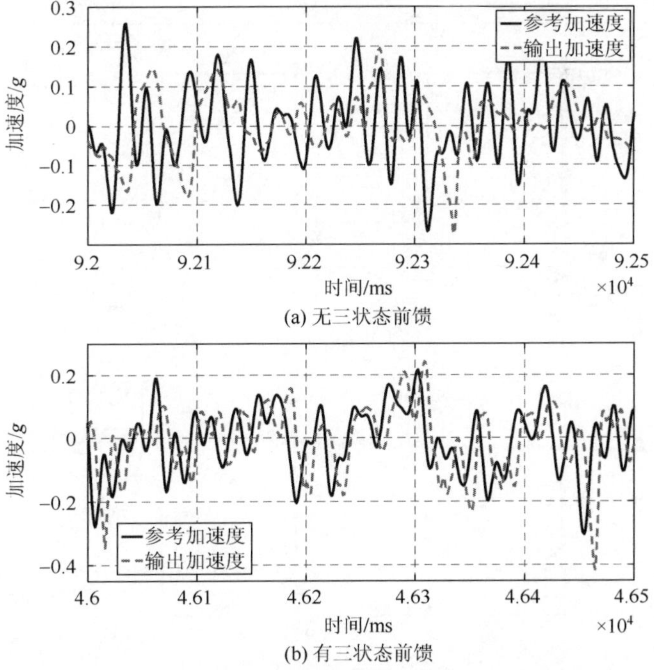

(a) 无三状态前馈

(b) 有三状态前馈

图 5-10　基于三状态前馈控制的加速度试验结果

由度加速度阶跃响应试验结果，图 5-12 是其中一个自由度的地震波时域波形复现。

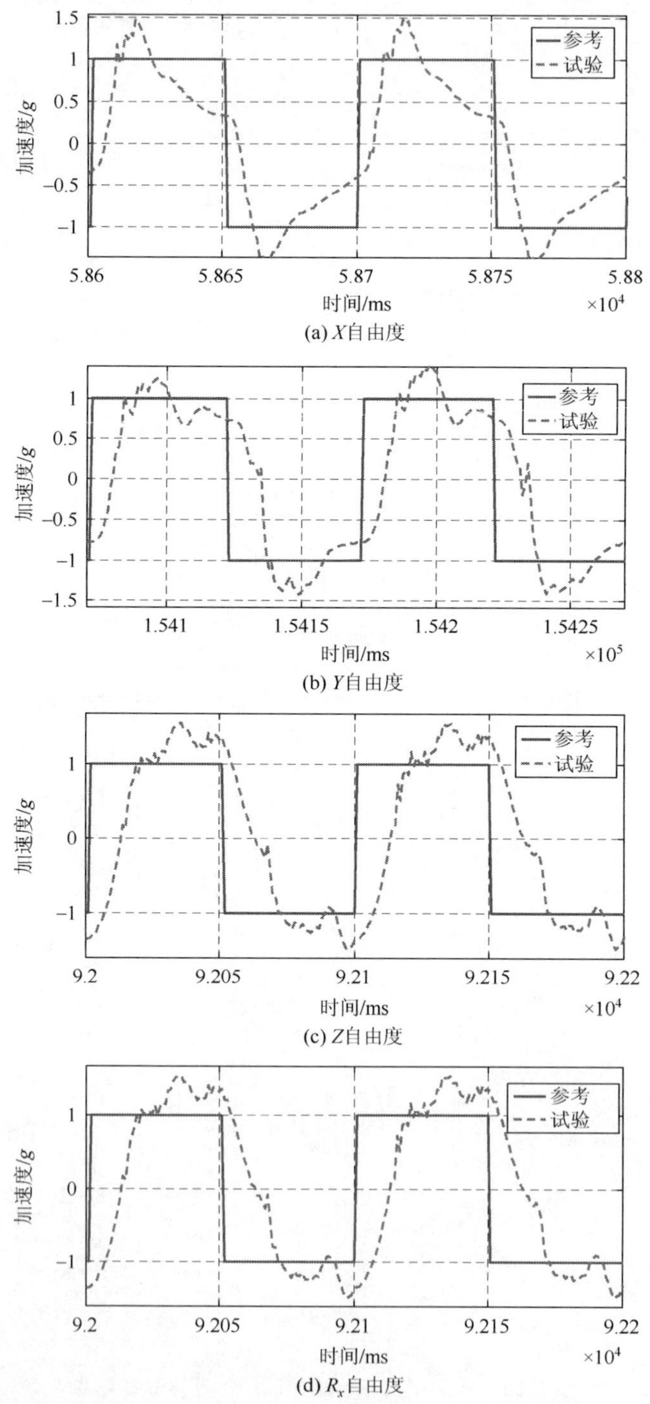

(a) X自由度

(b) Y自由度

(c) Z自由度

(d) R_x自由度

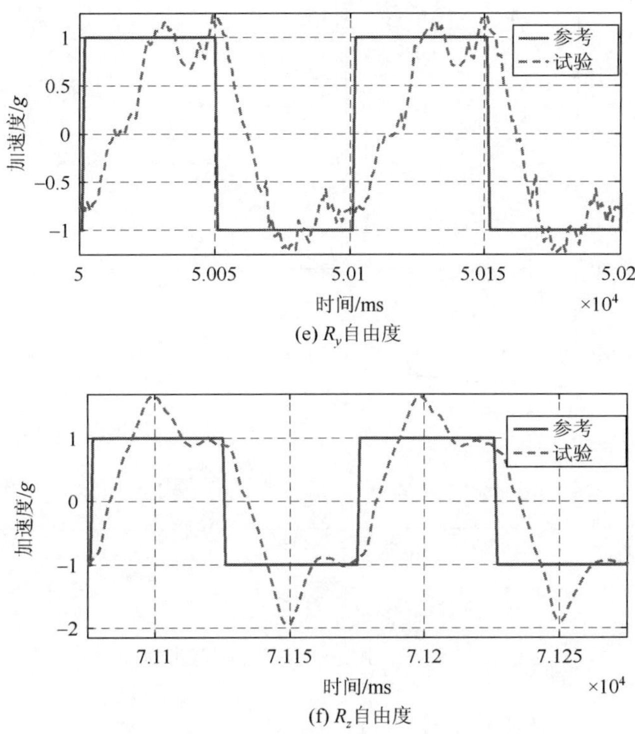

图 5-11　基于三状态控制的阶跃响应试验结果

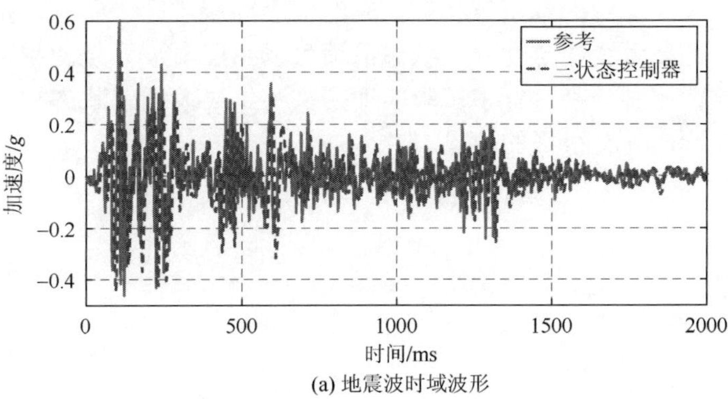

(a) 地震波时域波形

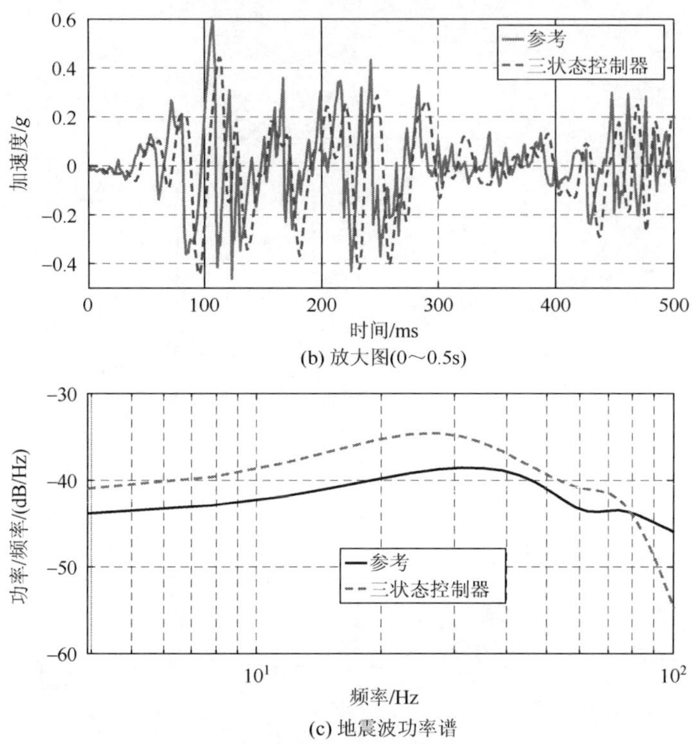

图 5-12　*Y* 自由度地震波时域波形复现

5.4　本 章 小 结

本章对电液振动台的基于三状态控制的伺服控制进行了研究，推导了三状态反馈控制可以提高系统稳定性，三状态前馈可以拓展电液系统的频宽。对三状态反馈控制和前馈控制分别进行了试验验证，试验结果表明三状态控制对提高电液振动台的动态特性具有很好的效果。

第6章　电液振动台闭环传递函数辨识及逆模型设计

本章将首先辨识电液振动台各自由度加速度闭环系统的传递函数，并设计出其逆传递函数。本章作为后续章节的基础，只有将各自由度的频率特性较准确地辨识出来，才能进行后续章节的理论分析和试验验证工作，才能对系统进行有效补偿和在线时域波形复现。所以，本章起到承前启后的作用。

6.1　基于加速度闭环系统的非参数频响函数估计

6.1.1　基于 H1 的非参数频响函数估计

目前关于频响函数估计的方法有 H1、H2、改进的频响函数估计法[105]等。在传统多轴振动台时域波形复现控制算法中，经常采用 H1 法估计系统频响函数矩阵[55]，因为 H1 估计法的假设条件是输入信号不存在噪声（$\varepsilon_x(t)=0$），且输出测量噪声 $\varepsilon_y(t)$ 与输入信号 $x(t)$ 互不相关。

图 6-1 是 H1 估计算法，其中，$u(t)$、$v(t)$ 是真实的输入、输出信号；$\varepsilon_x(t)$、$\varepsilon_y(t)$ 分别是输入、输出测量噪声并且互不相关，同时与输入、输出信号互不相关；$x(t)$、$y(t)$ 分别是输入、输出测量信号。

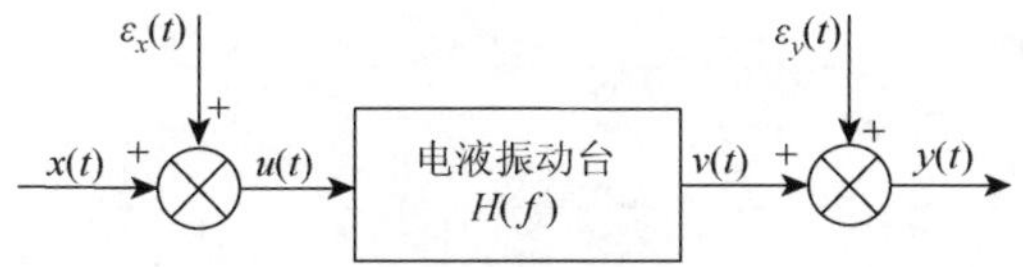

图 6-1　基于 H1 频响函数估计结构

基于 H1 频响函数估计法的计算公式为

$$H_1(f)=G_{xy}(f)G_{xx}^{-1}(f) \tag{6-1}$$

式中，$H_1(f)$ 为 H1 估计法所得的频响函数估计结果；$G_{xy}(f)$ 为输入信号与输出信号的互功率谱均值；$G_{xx}(f)$ 为输入信号的自功率谱均值。

$H_1(f)$ 与系统真实频响函数 $H(f)$ 的关系为

$$H_1(f)=H(f)/(1+G_{\varepsilon_x\varepsilon_x}/G_{uu}) \tag{6-2}$$

式中，G_{uu} 为真实输入的自功率谱均值；$G_{\varepsilon_x\varepsilon_x}$ 为输入噪声的自功率谱均值。

6.1.2　基于 RLS 的非参数频响函数估计

基于 H1 的非参数模型估计方法需要对输入和输出信号进行傅里叶变换，才能得到 $X(\omega)$ 和 $Y(\omega)$ 的离散值，$X(\omega)$ 和 $Y(\omega)$ 分别是输入时间历程 $x(t)$ 和输出时间历程 $y(t)$ 的傅里叶变换。这种变换是在离散频率处进行的，离散频率为

$$f_k = kf_1 = \frac{k}{T} = \frac{k}{N}\frac{1}{T_s} \qquad (k = 0,1,2,\cdots,N-1) \tag{6-3}$$

式中，T_s 为采样周期；f_k 为离散频率；N 为采样点数。

根据式（6-3），两个离散频率之间的频率分辨率 Δf_n 为

$$\Delta f_n = \frac{1}{NT_s} = \frac{f_s}{N} \tag{6-4}$$

式中，f_s 为采样频率。

从式（6-4）可以看到：所分析频率范围越宽，频率分辨率越低，那么辨识出来的加速度频响函数的精度就越低。因此，本书采用递推最小二乘（RLS）算法来自适应辨识加速度的频响函数，对频率特性曲线进行平滑以解决分辨率较低带来的问题。基于 RLS 的非参数频响函数估计的原理如图 6-2 所示。

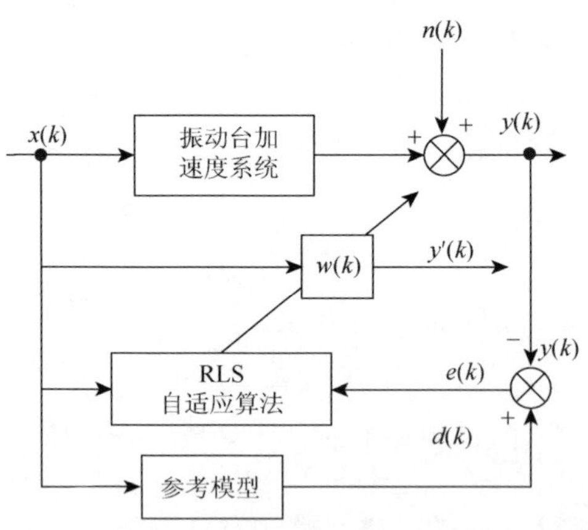

图 6-2　基于 RLS 频响函数估计

该辨识的基本原理：同一个输入信号 $x(k)$ 同时加到 RLS 自适应算法和振动台加速度系统上，振动台加速度输出为 RLS 提供期望响应 $y(k)$ 并与经参考模型后的理想信号 $d(k)$ 作差。当权系数 $w(k)$ 收敛、误差变小时，RLS 输出响应将与振动台加速度系统响应的结果非常接近，那么具有同一输入的两个滤波器将产生基本上

相同的输出，即

$$y(k) \approx y'(k) \tag{6-5}$$

假设振动台加速度闭环系统可采用如下 CARMA 模型[106]

$$A(z^{-1})y(k) = B(z^{-1})u(k-d) + C(z^{-1})\xi(k) \quad (C(z^{-1}) \neq 1) \tag{6-6}$$

式中，$y(k)$ 为输出信号；$u(k)$ 为输入信号；$\boldsymbol{\xi}(k)$ 为均值为零、方差为 σ^2 的白噪声序列；d 为滞后时间；$A(z^{-1}) = 1 + a_1 z^{-1} + \cdots + a_n z^{-n}$，$B(z^{-1}) = b_0 + b_1 z^{-1} + \cdots + b_n z^{-n}$ $(b_0 \neq 0)$ 和 $C(z^{-1}) = 1 + c_1 z^{-1} + \cdots + c_n z^{-n}$ 是参数未知的滞后移位算子 z^{-1} 多项式。

将式（6-6）的 CARMA 模型写成矩阵相乘形式，即

$$y(k) = \boldsymbol{\psi}^{\mathrm{T}}(k)\boldsymbol{\theta} + \boldsymbol{\xi}(k) \tag{6-7}$$

式中，$\boldsymbol{\theta} = [a_1, \cdots, a_{n_a}, b_0, \cdots b_{n_b}, c_1, \cdots, c_{n_c}]^{\mathrm{T}}$；$\boldsymbol{\psi}(k) = [-y(k-1), \cdots, -y(k-n_a), u(k), \cdots, u(k-n_b), \boldsymbol{\xi}(k-1), \cdots, \boldsymbol{\xi}(k-n_c)]^{\mathrm{T}}$。

可以得到 RLS 的估计公式为[107]

$$\boldsymbol{\theta}(k) = \boldsymbol{\theta}(k-1) + \boldsymbol{K}(k)[y(k) - \boldsymbol{\psi}^{\mathrm{T}}(k)\boldsymbol{\theta}(k-1)] \tag{6-8}$$

$$\boldsymbol{K}(k) = \frac{\boldsymbol{P}(k-1)\boldsymbol{\psi}(k)}{\rho + \boldsymbol{\psi}^{\mathrm{T}}(k)\boldsymbol{P}(k-1)\boldsymbol{\psi}(k)} \tag{6-9}$$

$$\boldsymbol{P}(k) = \frac{1}{\rho}[\boldsymbol{I} - \boldsymbol{K}(k)\boldsymbol{\psi}^{\mathrm{T}}(k)]\boldsymbol{P}(k-1) \tag{6-10}$$

式中，ρ 为遗忘因子，$0 < \rho < 1$，一般取比 1 小但接近于 1 的实数，用于对过去数据指数加权，使迭代趋向于降低过去取样数据的重要性，使得新数据在估计中发挥主要作用，而使旧数据逐渐被遗忘。

此时，采用 H1 估计法对滤波后的输出信号进行估计，有

$$H_{\mathrm{RLS}}(f) = G_{xy'}(f)G_{xx}(f)^{-1} \tag{6-11}$$

式中，$H_{\mathrm{RLS}}(f)$ 为基于 RLS 的 H1 估计法所得的频响函数估计结果；$G_{xy'}(f)$ 为输入信号 $x(k)$ 与 RLS 输出信号 $y'(k)$ 的互功率谱均值；$G_{xx}(f)$ 为输入信号的自功率谱均值。

6.2 基于加速度闭环系统的参数传递函数辨识

基于非参数模型的频响函数在进行加速度均衡试验时，需要进行大量的 FFT 和 IFFT 计算，给试验带来了不便。因此，本节将进一步研究基于参数模型的传递函数辨识，将辨识的参数传递函数设计出其逆传递函数，然后将设计好的逆传递函数直接作为前馈滤波器对加速度系统进行均衡。

6.2.1　递推增广最小二乘辨识算法

参数模型辨识方法分为时域方法和频域方法。时域方法主要有线性回归、最小二乘、加权最小二乘等。频域方法主要有极大似然法及在此基础上发展起来的贝叶斯极大值后验估计方法。另外，辅助变量法和相关法既可以用于时域辨识，又可以用于频域辨识。然而，随着自适应控制以及自适应信号处理技术的发展，递推法越来越受到重视，可以实时地进行系统辨识。

最小二乘法是系统辨识中的一种基本方法，在此基础上，各种递推最小二乘法以及最小方差算法，在实际中得到了较好的应用。当一个被控对象的模型结构未知时，通常采用一个通用的经验模型，这种经验模型比较适合于自适应控制，该经验模型可以描述为[108]

$$y_{k+1}=\sum_{i=0}^{n}a_{i,k}g(y_{k-i})+\sum_{j=0}^{m-1}b_{j,k}h(u_{k-j}) \tag{6-12}$$

式中，y 为输出状态；u 为输入状态；$g(y)$、$h(u)$ 为预先确定的基函数，根据 y 和 u 的关系不同，$g(y)$ 和 $h(u)$ 可以是线性函数，也可以是非线性函数；a、b 为待辨识的未知参数，根据输出和输入数据可以离线或在线估计。

当 $g(y)$ 和 $h(u)$ 被选为线性函数时，式（6-12）的模型可转化为 ARMA 模型[108]

$$y_{k+1}=\sum_{i=0}^{n}a_{i,k}y_{k-i}+\sum_{j=0}^{m-1}b_{j,k}u_{k-j} \tag{6-13}$$

考虑到递推最小二乘法具有收敛性好、计算简单的特点，便于实时计算，因此，在实时运算等场合具有很好的应用。由于振动台试验系统的输出含有噪声和干扰信号，所以需要将噪声模型的辨识也考虑进去。本书将采用递推增广最小二乘法（Recursive Extended Least Square，RELS）辨识振动台加速度闭环系统的传递函数模型。

由于 $\boldsymbol{\psi}(k)$ 中的 $\xi(k)$ 不可测，所以只能用其估计值 $\hat{\xi}(k)$ 来代替，即

$$\hat{\xi}(k)=y(k)-\hat{y}(k)=y(k)-\hat{\boldsymbol{\psi}}^{\mathrm{T}}(k)\hat{\boldsymbol{\theta}}(k) \tag{6-14}$$

式中，$\hat{\boldsymbol{\theta}}=[\hat{a}_1,\cdots,\hat{a}_{n_a},\hat{b}_0,\cdots,\hat{b}_{n_b},\hat{c}_1,\cdots,\hat{c}_{n_c}]^{\mathrm{T}}$；$\hat{\boldsymbol{\psi}}(k)=[-y(k-1),\cdots,y(k-n_a),\cdots,u(k-d),\cdots,u(k-d-n_b),\hat{\xi}(k-1),\cdots,\hat{\xi}(k-n_c)]^{\mathrm{T}}$。

利用 $\hat{\boldsymbol{\psi}}(k)$ 代替 $\boldsymbol{\psi}(k)$，可以得到 RELS 的估计公式为[107]

$$\hat{\boldsymbol{\theta}}(k)=\hat{\boldsymbol{\theta}}(k-1)+\boldsymbol{K}(k)[y(k)-\hat{\boldsymbol{\psi}}^{\mathrm{T}}(k)\hat{\boldsymbol{\theta}}(k-1)] \tag{6-15}$$

$$\boldsymbol{K}(k)=\frac{\boldsymbol{P}(k-1)\hat{\boldsymbol{\psi}}(k)}{\rho+\hat{\boldsymbol{\psi}}^{\mathrm{T}}(k)\boldsymbol{P}(k-1)\hat{\boldsymbol{\psi}}(k)} \tag{6-16}$$

$$\boldsymbol{P}(k)=\frac{1}{\rho}[\boldsymbol{I}-\boldsymbol{K}(k)\hat{\boldsymbol{\psi}}^{\mathrm{T}}(k)]\boldsymbol{P}(k-1) \tag{6-17}$$

在 RELS 传递函数辨识过程中，系统参数 $\hat{\boldsymbol{\theta}}(k)$ 和协方差矩阵 $\boldsymbol{P}(k)$ 在每一步的迭代运算中都需要进行更新，因此，在迭代开始前，首先要指定这两个参数的初始值，分别为 $\boldsymbol{P}(0)$ 和 $\hat{\boldsymbol{\theta}}(0)$，则有 $\boldsymbol{P}(0)=[\hat{\boldsymbol{\psi}}(0)\hat{\boldsymbol{\psi}}^{\mathrm{T}}(0)]^{-1}$。因此，为了保证整个递推迭代的收敛速度，初始条件一般必须满足协方差矩阵为非奇异矩阵，即 $\boldsymbol{P}(0)=\alpha\boldsymbol{I}$，其中，$\boldsymbol{I}$ 表示单位矩阵，参数 α 一般取很大的实数，用于调节系统参数的收敛速度。

6.2.2　基于参数模型的加速度逆传递函数设计

在振动台控制系统设计中，前馈补偿技术可以拓展系统频宽，提高系统的跟踪性能，其基本原理是基于不变性原理，即将前馈控制环节设计成待校正的闭环系统的逆，使校正后的整个系统传递函数为 1。当闭环系统是一个非最小相位系统时，或者辨识的闭环系统是一个非最小相位系统时，直接采用逆传递函数进行补偿，则会造成整个系统的不稳定现象。

最小相位系统要求所有零点都在单位圆内，而离散系统的稳定性条件是闭环系统的所有极点都必须在单位圆内。由不变性原理可知，非最小相位系统的不稳定零点变为前馈控制器的极点，那么此时所设计的前馈控制器将是一个不稳定的环节，不能应用于试验中。

首先利用基于 RELS 算法的离线辨识技术得到所需的加速度离散传递函数，然后设计出前馈控制器即加速度闭环系统的逆传递函数，然而随着采样频率的提高，所辨识的离散传递函数可能是一个非最小相位系统。所以对辨识的离线传递函数直接进行求逆来构成前馈控制器的思路是不可行的。

零相差跟踪（ZPET）控制技术是一种针对非最小相位系统的数字式前馈控制器，并被广泛应用于各种前馈控制器设计中[109-112]。该技术通过在前馈控制器中引入零点来补偿闭环系统的不稳定零点，因为经前馈逆控制器输出的时域驱动信号是相位超前的并且超前值是已知的，所以经前馈补偿后的闭环系统在全频段范围内相移将为零[110]。然而，这种零相差跟踪控制主要用于补偿系统的相位，对于幅值补偿，文献[109]提出了一种基于 FIR 滤波器的自适应技术来调节 FIR 滤波器的各个参数，使 FIR 滤波器能够在幅值方面对前馈控制器进一步改善，该方法获得了较好的结果。

根据式（6-13），辨识出来的加速度闭环系统的传递函数可表示为

$$\hat{G}_a(z)=\frac{z^{-d}\hat{B}(z)}{\hat{A}(z)} \tag{6-18}$$

式中，$\hat{A}(z)=z^n+a_1z^{n-1}+\cdots+a_n$；$\hat{B}(z)=b_0z^n+b_1z^{n-1}+\cdots+b_n(b_0\neq 0)$。

为了方便设计前馈控制器，假设式（6-18）的闭环传递函数可以分解成下面的形式

$$\hat{G}_a(z)=\frac{z^{-d}\hat{B}_a(z)\hat{B}_u(z)}{\hat{A}(z)} \tag{6-19}$$

式中，$\hat{B}_u(z)$ 为不稳定零点部分，包含了闭环系统 $\hat{G}_a(z)$ 中所有位于单位圆上以及单位圆外的零点；$\hat{B}_a(z)$ 为稳定零点部分，包含了闭环系统 $\hat{G}_a(z)$ 中所有单位圆内的零点。

文献[110]、[112]给出了下面的定理。

定理 设 $H(z)=\hat{B}_u(z)\hat{B}_u(z^{-1})$，则有

（1）$\angle H(\mathrm{e}^{-\mathrm{j}\omega T})=0\quad(\forall\omega\in R)$。

（2）$\left|\angle H(\mathrm{e}^{-\mathrm{j}\omega T})\right|^2=\mathrm{Im}^2[\hat{B}_u(\mathrm{e}^{-\mathrm{j}\omega T})]+\mathrm{Re}^2[\hat{B}_u(\mathrm{e}^{-\mathrm{j}\omega T})]\quad(\forall\omega\in R)$。

根据定理及式（6-19），闭环系统的逆传递函数可设计为

$$\hat{G}_a^{-1}(z)=\alpha\frac{\hat{A}(z)\hat{B}_u(z^{-1})}{z^L\hat{B}_a(z)} \tag{6-20}$$

式中，α 为幅值特性调节增益，对增益进行补偿而不引入任何相位偏差；z^L 为补偿环节，主要为了补偿设计过程中由于 $\hat{A}(z)$ 的最高阶数大于 $\hat{B}_a(z)$ 的最高阶数造成的假分数问题。

从式（6-20）中可以看到，z^L 的引入解决了 $\hat{G}_a^{-1}(z)$ 的设计问题，然而同样由于 z^L 的引入带来了设计的 $\hat{G}_a^{-1}(z)$ 的相位与理想逆模型的相位之间的偏差问题。本书将采用泰勒级数展开的形式对 z^L 进行相位补偿。

根据 z 变换的定义

$$z^L=\mathrm{e}^{LTs} \tag{6-21}$$

式中，L 为对式（6-20）补偿的阶数；T 为采样时间，为 0.001s；s 为变换因子。

利用泰勒级数将式（6-21）展开 4 阶并考虑分子分母的阶数

$$G_c(s)=\mathrm{e}^{LTs}=\frac{1+L\times T\times s/1+(L\times T\times s)^2/2+(L\times T\times s)^3/6+(L\times T\times s)^4/24}{\left(\dfrac{s}{1000}+1\right)^4} \tag{6-22}$$

根据式（6-22）以及式（6-20），最终的逆传递函数可以设计为

$$\hat{G}_a^{-1}(z)=\alpha\frac{\hat{A}(z)\hat{B}_u(z^{-1})}{z^L\hat{B}_a(z)}G_c(z) \tag{6-23}$$

式中，$G_c(z)$ 为 $G_c(s)$ 的 z 变换。

利用基于 RELS 的辨识技术以及本节的逆传递函数设计方法，可以设计出加

速度闭环逆传递函数，并可以直接应用于前馈补偿。

6.3　基于加速度闭环系统的自适应逆建模辨识

前面主要研究了基于非参数模型和基于参数模型的传递函数辨识问题，并且存在各自的优缺点：基于非参数模型的频响函数在均衡时，需要进行大量的 FFT 和 IFFT 计算；而基于参数模型的传递函数需要考虑非最小相位问题，设计逆过程中较复杂。本节将研究的基于自适应逆建模的辨识技术可以避免上述问题。

6.3.1　自适应辨识模型

图 6-3 是利用自适应算法对一个未知振动台系统进行建模的框图，所采用的滤波器是有限长脉冲响应（FIR）滤波器。在该图中，同一个输入信号 $x(k)$ 同时加到自适应滤波器和待建模的未知振动台系统上，未知系统的输出为自适应滤波器提供期望响应 $d(k)$。从该图中可知：由一个自适应算法来调节自适应滤波器的权系数以使均方偏差最小。当 FIR 的权系数收敛、误差变小时，自适应滤波器的脉冲响应将与未知系统脉冲响应的结果非常接近，那么具有同一输入的两个滤波器将产生基本上相同的输出。

图 6-3 中标有“Z^{-1}”的方框代表单位延迟，标有“$w_0(k)$”、“$w_1(k)$”等的圆框表示权系数，代表没有任何延迟的放大系数。定义自适应滤波器 FIR 的权系数

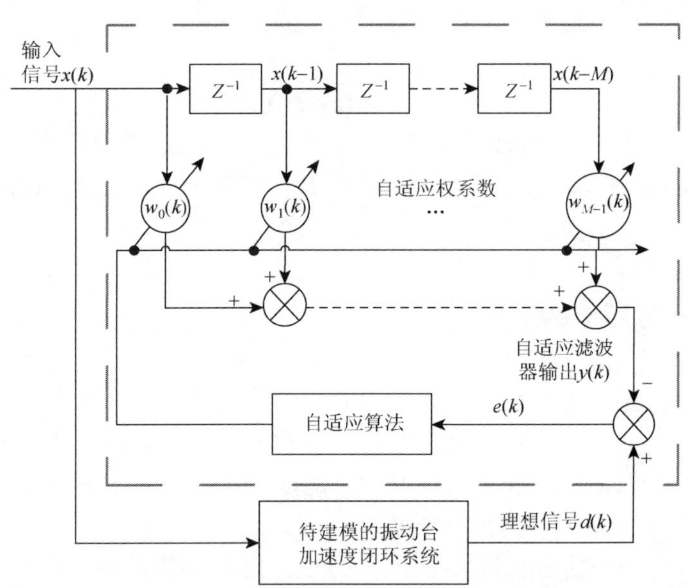

图 6-3　采用自适应滤波器对未知系统建模

可以表示为 $\boldsymbol{w}=[w_0,w_2,\cdots,w_{M-1}]^{\mathrm{T}}$，其中 M 是滤波器的长度，输入信号可以表示为 $\boldsymbol{x}(k)=[x(k-1),\cdots,x(k-M)]^{\mathrm{T}}$。

根据图 6-3，自适应滤波器输出 $y(k)$ 可表示为

$$y(k)=w_0(k)x(k)+w_1(k)x(k-1)+\cdots+w_{M-1}(k)x(k-M+1)=\sum_{l=0}^{M-1}w_l x_{k-l} \tag{6-24}$$

输入信号 $\boldsymbol{x}(k)$ 的 z 变换定义为

$$X(z)=\sum_{k=-\infty}^{\infty}x_k z^{-k} \tag{6-25}$$

根据式（6-24）和式（6-25），输出信号 $y(k)$ 的 z 变换为

$$Y(z)=\sum_{k=-\infty}^{\infty}y(k)z^{-k}=\sum_{k=-\infty}^{\infty}z^{-k}\sum_{l=0}^{M-1}w_l x_{k-l}=\sum_{k=-\infty}^{\infty}\sum_{l=0}^{M-1}z^{-k}w_l x_{k-l} \tag{6-26}$$

现在假定求和次序可以交换，则

$$Y(z)=\sum_{l=0}^{M-1}\sum_{k=-\infty}^{\infty}z^{-l}w_l z^{-k+l}x_{k-l} \tag{6-27}$$

对任意给定的 l 值对 k 求和，就可得到

$$Y(z)=\sum_{l=0}^{M-1}z^{-l}w_l\sum_{k=-\infty}^{\infty}z^{-k+l}x_{k-l}=\sum_{l=0}^{M-1}z^{-l}w_l\cdot X(z) \tag{6-28}$$

再对 l 求和可得

$$Y(z)=W(z)\cdot X(z) \tag{6-29}$$

脉冲响应的 z 变换 $W(z)$ 称为该滤波器的传递函数，当自适应算法收敛到最优解后，均方偏差达到最小值，可认为 $d(k)\approx y(k)$，则

$$W(z)=\frac{Y(z)}{X(z)}\approx\frac{D(z)}{X(z)} \tag{6-30}$$

式中，$D(z)$ 为期望信号 $d(k)$ 的 z 变换。

从式（6-30）中可以看到，$W(z)$ 即辨识的待建模的振动台加速度系统的传递函数。

6.3.2 LMS 自适应辨识算法

自适应算法是为了使某个预先确定的准则达到最小化，而自适应地调整滤波器权系数的方法。自适应算法是通过定义搜索方法、目标函数和误差信号的特性来确定的。由于自适应滤波具有很强的自适应性和优越的滤波性能，所以在自适应信号处理领域中发挥着重要的作用。

目前主要有两种基本的算法：最小均方误差（LMS）算法和递推最小二乘（RLS）算法。LMS 算法是一种梯度搜索算法，它通过对目标函数进行适当调整，即用平

方误差取代了均方误差，从而简化了对梯度向量的计算，极大地降低了计算的复杂度[113-115]。RLS 算法虽然收敛速度比较快，但是其算法复杂，计算量大，所以在工程中很少应用，而 LMS 算法因其计算量小、易于实现等优点，在工程实践中被广泛采用[116]。LMS 算法使滤波器的输出信号与期望输出信号之间的均方误差最小。

输入信号和期望信号假设都是平稳的，且各态遍历的过程。第 k 次采样的误差为

$$e(k)=d(k)-y(k)=d(k)-\boldsymbol{x}^{\mathrm{T}}(k)\boldsymbol{W} \tag{6-31}$$

该误差的平方为

$$e^2(k)=d^2(k)-2d(k)\boldsymbol{x}^{\mathrm{T}}(k)\boldsymbol{W}+\boldsymbol{W}^{\mathrm{T}}\boldsymbol{x}(k)\boldsymbol{x}^{\mathrm{T}}(k)\boldsymbol{W} \tag{6-32}$$

$e^2(k)$ 的期望值，即均方误差 ξ 是

$$\begin{aligned}\xi&=E[e^2(k)]=E[d^2(k)]-E[d(k)\boldsymbol{x}^{\mathrm{T}}(k)]\boldsymbol{W}+\boldsymbol{W}^{\mathrm{T}}E[\boldsymbol{x}(k)\boldsymbol{x}^{\mathrm{T}}(k)]\boldsymbol{W}\\&=E[d^2(k)]-2\boldsymbol{P}^{\mathrm{T}}\boldsymbol{W}+\boldsymbol{W}^{\mathrm{T}}\boldsymbol{R}\boldsymbol{W}\end{aligned} \tag{6-33}$$

式中，$\boldsymbol{P}$ 为输入信号与期望响应信号之间的互相关向量，定义为[107]

$$\boldsymbol{P}=E[d(k)\boldsymbol{x}^{\mathrm{T}}(k)]=E\begin{bmatrix}d(k)x(k-1)\\d(k)x(k-2)\\\vdots\\d(k)x(k-n)\end{bmatrix}$$

$\boldsymbol{R}$ 为输入信号的对称和正定输入相关矩阵，定义为[107]

$$\boldsymbol{R}=E[\boldsymbol{x}(k)\boldsymbol{x}^{\mathrm{T}}(k)]=E\begin{bmatrix}x(k)x(k) & x(k)x(k-1) & \cdots\\x(k-1)x(k) & x(k-1)x(k-1) & \cdots\\\vdots & \vdots & x(k-n)x(k-n)\end{bmatrix}$$

由式（6-33）可以看出，均方偏差性能函数是权系数的二次型函数，自适应过程就是连续不断地调节这些权系数，以达到最优解。

LMS 算法是利用测量或估计梯度的最速下降的一种实现[116]

$$\boldsymbol{W}_{k+1}=\boldsymbol{W}_k+\mu(-\nabla_k) \tag{6-34}$$

式中，∇_k 可以定义一个很粗的梯度估计

$$\nabla_k=\begin{Bmatrix}\dfrac{\partial e^2(k)}{\partial w_1}\\\dfrac{\partial e^2(k)}{\partial w_2}\\\vdots\\\dfrac{\partial e^2(k)}{\partial w_n}\end{Bmatrix}=2e(k)\begin{Bmatrix}\dfrac{\partial e(k)}{\partial w_1}\\\dfrac{\partial e(k)}{\partial w_2}\\\vdots\\\dfrac{\partial e(k)}{\partial w_n}\end{Bmatrix}=-2e(k)\boldsymbol{x}(k) \tag{6-35}$$

将式（6-35）代入式（6-34），那么 LMS 算法的权系数迭代更新公式为

$$\boldsymbol{W}_{k+1} = \boldsymbol{W}_k + 2\mu e(k)\boldsymbol{x}(k) \tag{6-36}$$

由式（6-36）可知，影响 LMS 算法的主要因素是迭代步长 μ 。

本书主要采用 Butterweck 的“波”理论来设计迭代步长，即将多延时抽头的长横向滤波器等效为无穷长的传输线，从而输入信号可以等效成向无穷远处传播的波[117]。波理论不仅可以很好地描述长滤波器的收敛特性和稳态特性，而且对短滤波器的描述也是相当准确的，利用波理论得到稳定的最大步长为

$$u_{\max} = \frac{2}{L \cdot \max\{S(\omega)\}} \quad (0 \leqslant \omega \leqslant \pi) \tag{6-37}$$

式中，L 为滤波器长度；$S(\omega)$ 为输入信号的功率谱。

6.4 传递函数辨识试验结果

本节的主要内容为加速度闭环系统传递函数辨识，该部分将对后续试验起到至关重要的作用，只有能够准确辨识系统的传递函数，才能进行后续的三自由度的解耦控制及离线、在线时域波形复现。

6.4.1 基于非参数频响函数辨识试验结果

为了准确辨识振动台加速度闭环系统的频响函数，首先利用 2～60Hz 的随机信号激励基于三状态控制器的振动台加速度闭环。将采集的参考信号和输出响应信号输入 H1 估计器和基于 RLS 的估计器中，根据辨识模型的输出和参考信号，可以得到加速度闭环系统的频响函数。3 个自由度的加速度幅频特性辨识结果如图 6-4 所示，其中实线为基于 RLS 的辨识结果，虚线为传统 H1 的辨识结果。从图中可以看到基于 H1 估计的频响函数不平滑，频率分辨率的问题造成了各个频率处出现了较大的拐点，而基于 RLS 的自适应辨识则可以获得较为平滑的幅频特性图。从而验证了采用基于 RLS 的自适应辨识系统频响函数的可行性。

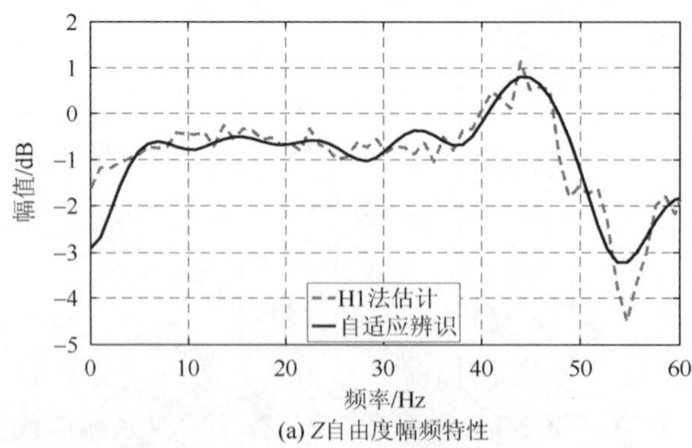

(a) Z自由度幅频特性

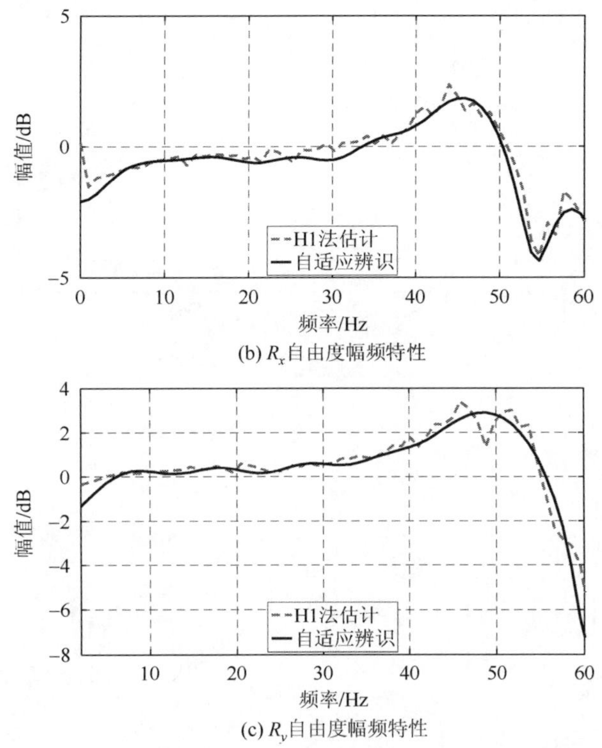

(b) R_x 自由度幅频特性

(c) R_y 自由度幅频特性

图 6-4 基于非参数辨识结果

6.4.2 基于参数模型的传递函数辨识试验结果

首先采用 0～100Hz 的随机信号作为位置参考信号激励 R_x 自由度位置闭环，并采用 9 阶的 ARMA 模型作为传递函数模型。辨识出的振动台 R_x 自由度传递函数如式（6-38）和式（6-39）所示，该传递函数的频率特性如图 6-5 所示。从该图

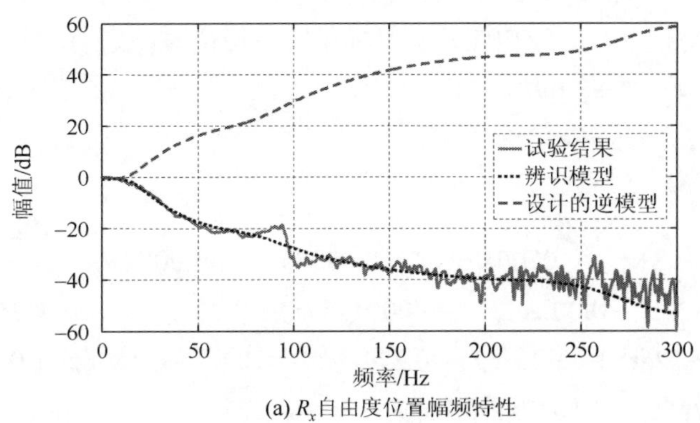

(a) R_x 自由度位置幅频特性

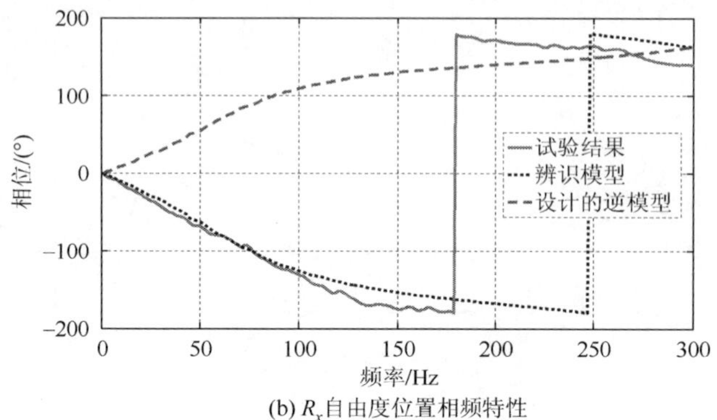

(b) R_x自由度位置相频特性

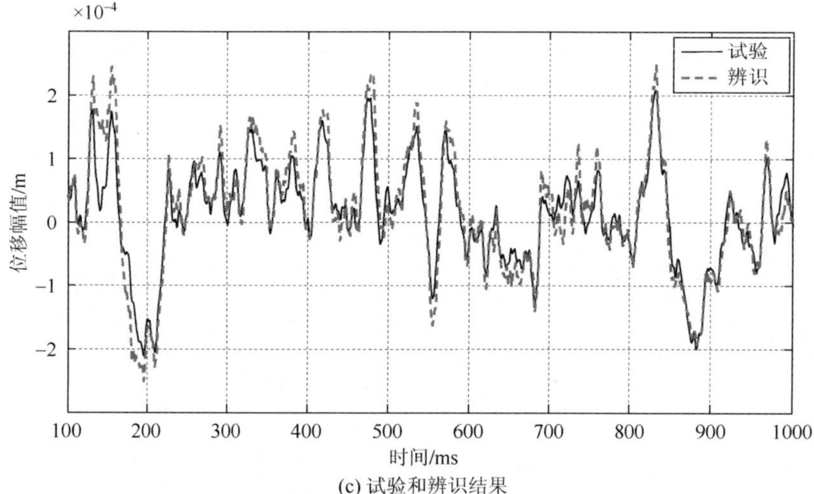

(c) 试验和辨识结果

图 6-5　位置闭环系统辨识结果

中可以看出，辨识的模型与振动台实际系统能较好拟合，然而，采用这种方法辨识出的传递函数可能是一个非最小相位系统。非最小相位系统的逆传递函数将是一个不稳定的系统，不可直接用于前馈环节的补偿中。

本书采用零相差跟踪（ZEPT）技术对非最小相位系统进行设计，所设计的位置逆传递函数如式（6-39）所示。

$$\hat{G}_{dRx}(z)=\frac{A}{B} \tag{6-38}$$

式中，

$$A=-0.0004081z^9+0.00064794z^8+0.002848z^7+0.008859z^6+0.005371z^5 \\ -0.00221z^4-0.002442z^3-0.0005757z^2+0.001917z+0.002627$$

$$B=z^9-1.6796z^8+0.62626z^7-0.224z^6+0.5102z^5-0.1836z^4+0.1848z^3 \\ -0.2765z^2-0.1027z+0.1631$$

$$\hat{G}_{dRx}^{-1}(z)=-4\frac{z^2-1.861z+0.8716}{z^2+1.788z+0.8704}\cdot\frac{z^2-1.538z+0.7619}{z^2-1.405z+0.6251}\cdot\frac{z^2+1.141z+0.6463}{z^2+0.4307z+0.6593}$$
$$\cdot\frac{z^2+0.006727z+0.6648}{z^2}\cdot\frac{z+0.5719}{z}(-4.416+z^{-1})(4.063+2.014z^{-1}+z^{-2})$$
$$\cdot\frac{3.375z^4-8.138z^3+7.737z^2-3.407z+0.5929}{z^4-1.472z^3+0.812z^2-0.1991z+0.01832} \tag{6-39}$$

应用 RELS 自适应辨识算法和 ZEPT 技术，可以得到六自由度加速度的辨识模型及其逆模型，如图 6-6 所示，其对应的辨识的模型偏差及其逆模型如图 6-7 所示。

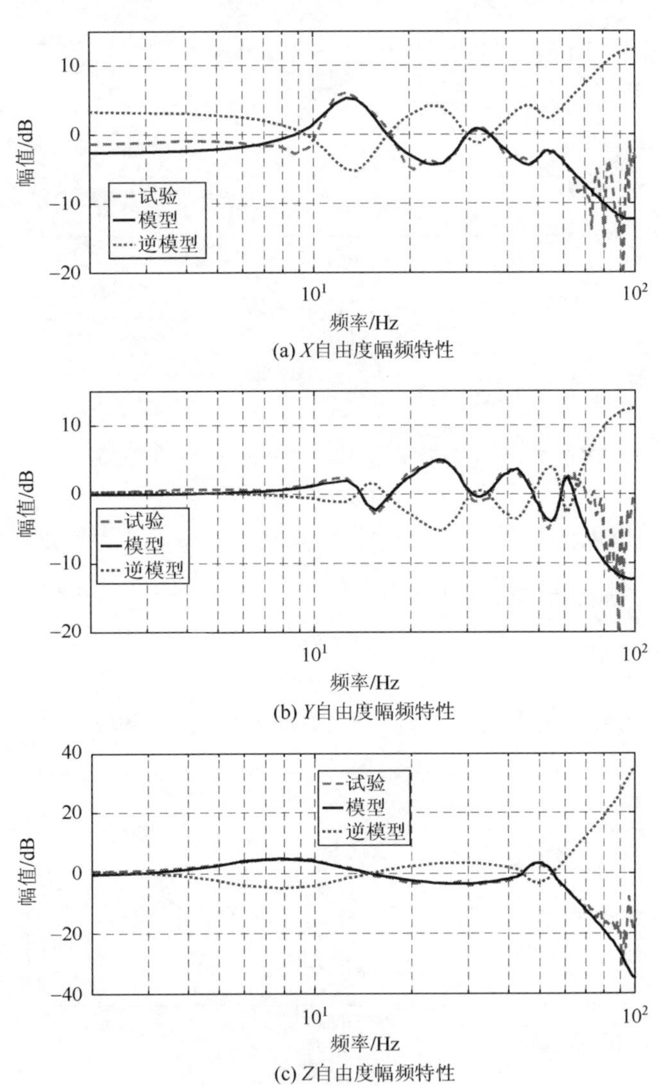

(a) X自由度幅频特性

(b) Y自由度幅频特性

(c) Z自由度幅频特性

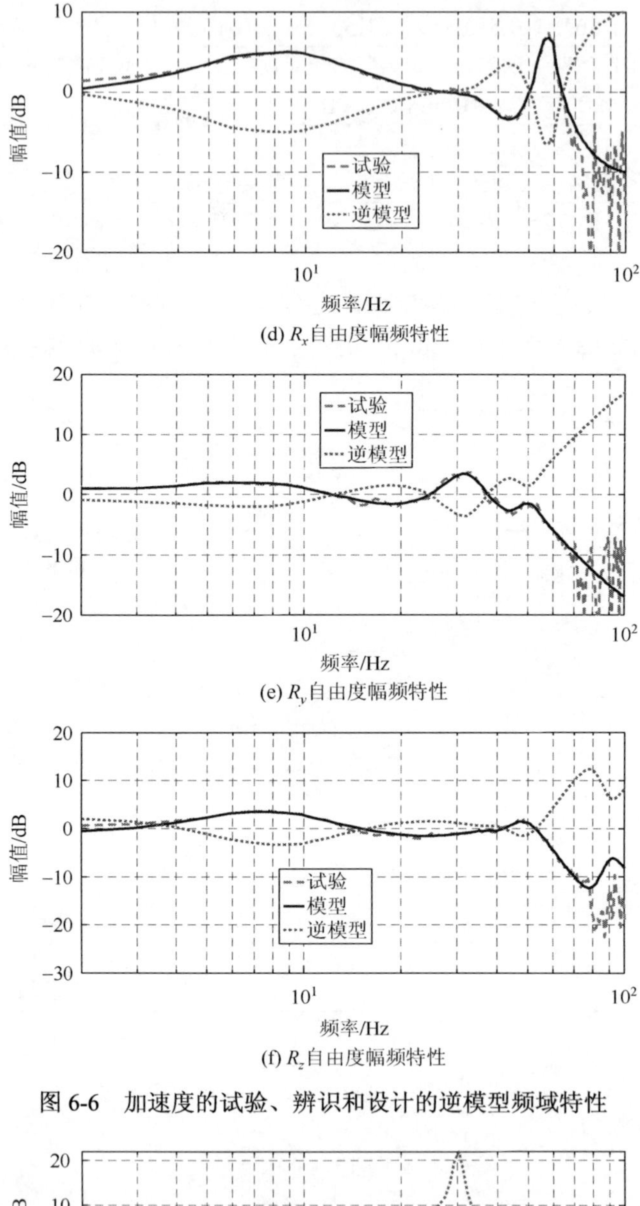

(d) R_x 自由度幅频特性

(e) R_y 自由度幅频特性

(f) R_z 自由度幅频特性

图 6-6 加速度的试验、辨识和设计的逆模型频域特性

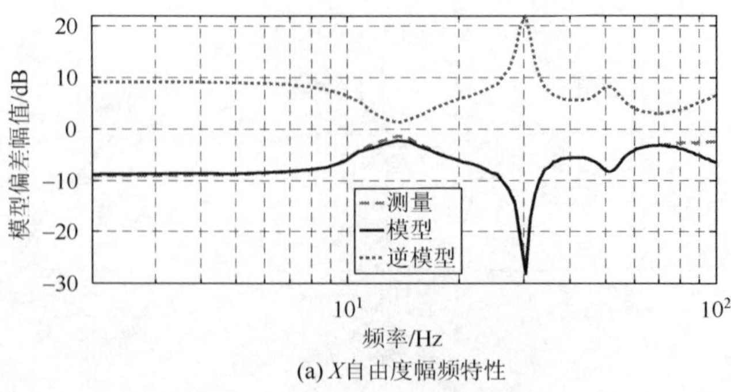

(a) X 自由度幅频特性

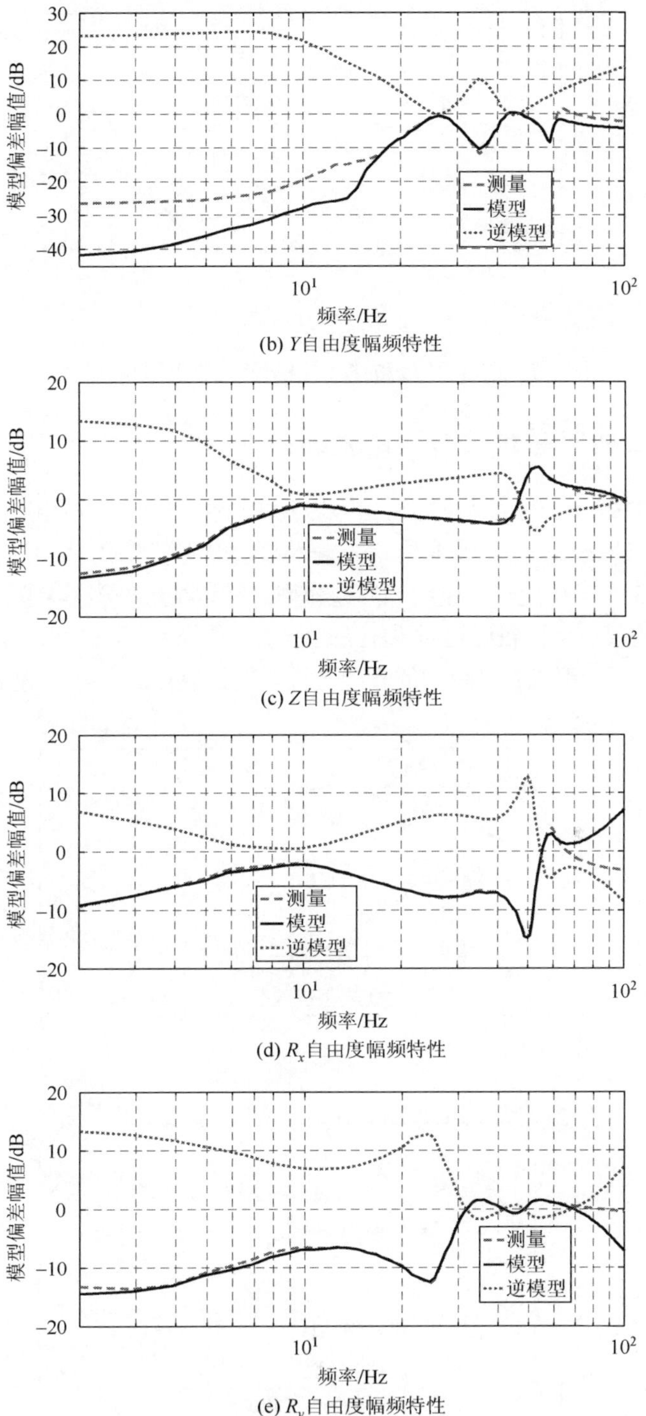

(b) Y自由度幅频特性

(c) Z自由度幅频特性

(d) R_x自由度幅频特性

(e) R_y自由度幅频特性

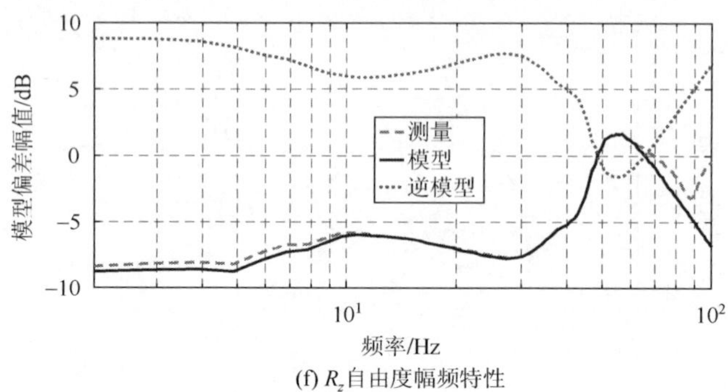

(f) R_z 自由度幅频特性

图 6-7　图 6-6 辨识的模型偏差及其逆模型频域特性

6.4.3　基于自适应逆建模辨识试验结果

首先利用 2～70Hz 的加速度随机信号激励电液振动台 5 个自由度的加速度闭环系统，将采集的加速度响应信号与参考信号输入自适应逆模型中，采用基于 LMS 算法自适应地辨识出 5 个自由度加速度闭环的逆模型，辨识结果如图 6-8 所示。从图中可以看到，辨识出的模型可以较好地对系统进行均衡。图 6-9 是 LMS 收敛的权值向量从 0.5～20s 变化情况，可以看到权值的收敛过程，当收敛到最优解后，将不再发生变化。

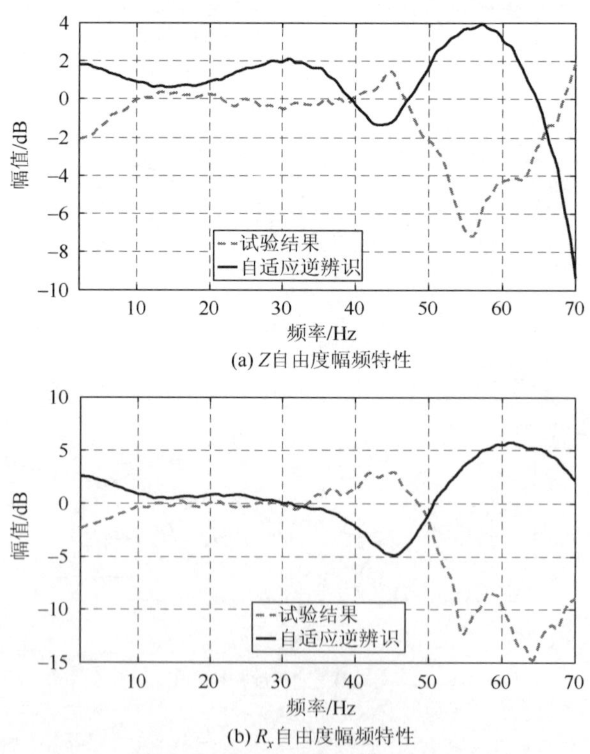

(b) R_x 自由度幅频特性

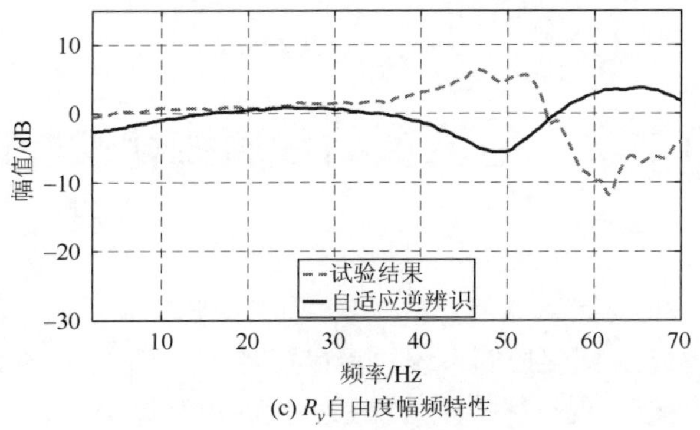

(c) R_y自由度幅频特性

图 6-8　基于自适应逆建模辨识结果

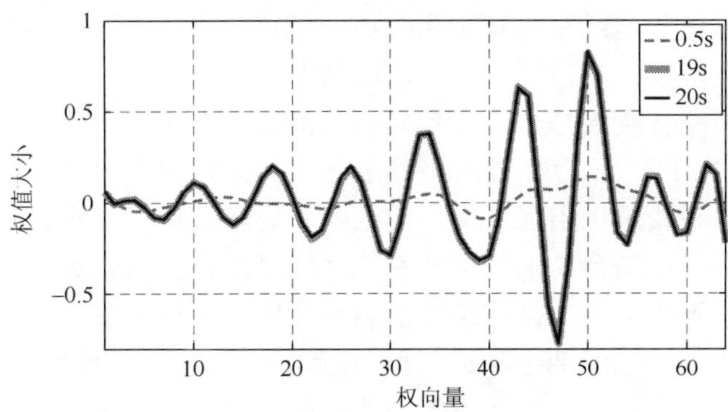

图 6-9　自适应 LMS 算法权值收敛

6.5　本 章 小 结

本章主要对电液振动台的位置闭环和加速度闭环系统传递函数辨识技术进行了研究。基于非参数模型辨识方法在均衡时需要进行大量的 FFT 和 IFFT 计算。采取基于参数模型的辨识技术，并针对辨识出的非最小相位系统进行了分析且设计出逆模型。为了消除辨识出的系统是非最小相位系统，采用了基于自适应逆建模并验证其可行性。最后进行了试验验证。

第 7 章　电液振动台离线补偿控制

三状态控制器虽然可以拓展系统频宽，但考虑到实际液压系统的伺服阀频宽、液压动力机构等因素，伺服控制系统的频宽拓展是有限的。而在振动试验技术中，对于长历程时域波形复现一般多采用前馈补偿的控制算法。如果被控系统是线性系统，并且估计的加速度逆传递函数很准确，那么采用前馈逆模型补偿一次即可达到试验所要求的精度，然而电液振动台加速度闭环系统存在着很大的非线性因素，并且加速度逆传递函数与实际系统不可避免地存在着模型偏差。所以还需要采用离线迭代技术以提高最终的波形复现精度。

本章首先介绍传统的基于非参数模型的前馈补偿技术，传统的前馈补偿技术需要进行大量的 FFT 和 IFFT 计算，需要很大的运算量。将进一步采用基于参数模型的辨识技术离线辨识出加速度传递函数并设计其逆传递函数，然而设计的加速度逆传递函数与振动台的加速度逆系统之间可能存在着较大的模型偏差，将进一步提出一种基于改进的内模控制及 2 自由度实时反馈控制的控制方案以减小模型偏差造成的影响。采用基于参数模型的辨识技术所辨识出的加速度传递函数可能是一个非最小相位系统，进而为其逆传递函数的设计带来很大不便，将继续对基于自适应逆建模的前馈补偿技术进行研究。在前馈补偿的基础上，本章将继续研究传统的迭代控制策略，为了提高迭代控制的收敛速度，本书将对迭代控制策略进行改进，并从理论上对其进行分析，仿真验证所提出的迭代控制的可行性。

7.1　基于位置逆模型的三状态控制器

三状态控制器在很大程度上可以提高电液振动台加速度闭环动态特性。由于该控制器是 2 自由度控制结构，所以三状态控制器中各反馈系数和前馈系数可以分别进行调节，其中反馈控制用于改善系统的稳定性，需要首先进行在线调节，而三状态前馈用于改善系统的跟踪性能，并提高系统的加速度频宽，需要在三状态反馈调节好的基础上进行调节。这种结构需要对其中六个参数（K_{ar}、K_{vr}、K_{dr}、K_{af}、K_{vf}和K_{df}）分别进行在线调试，并且是手动反复调节。虽然根据振动台的各个参数可以预先设计、估算出这些参数，但是当被试件改变时，则需要根据新的振动台性能重新调试 6 个参数，给用户带来了不便。因此，本书在三状态控制器的基础上，提出了一种等效原则，如图 7-1 所示。该等效原则的思想：三状态控制器的设计是基于位置闭环控制系统，当位置闭环的动态特性调试好之后，再采用加速度参考信号发生器将加速度信号转化为位移信号，而三状态前馈控制的目的主要用于对消液压系统位置闭环传递函数中距离虚轴较近的极点；采用位置闭环的逆传递函数不仅可以对消液压系统位置闭环传递函数中距离虚轴较近的极点，而且从理论上可以无限拓展位置闭环的频宽。所以，提出的改进算法则采用三状态反馈系统的位置闭环的逆传递函数来代替三状态前馈部分。这种思想不仅可以减少三个前馈参数在线调节过程，而且可以提高波形复现精度。同样，该方法也需要建立在三状态反馈系统调至最优的情况下，而三状态反馈调节的基本原则是位置阶跃响应具有较快的上升时间和较小的超调量。图 7-1 是提出的等效原则，假设 $G_d(s)$ 是调试好的三状态反馈系统位置闭环的传递函数，$\hat{G}_d(s)$ 是 $G_d(s)$ 的估计传递函数，由离线辨识技术获得，$\hat{G}_d^{-1}(s)$ 是根据 $\hat{G}_d(s)$ 设计出的逆传递函数。利用 $\hat{G}_d^{-1}(s)$ 来代替三状态前馈控制器，即

$$\hat{G}_d^{-1}(s) = K_{ar}s^2 + K_{vr}s + K_{dr} \tag{7-1}$$

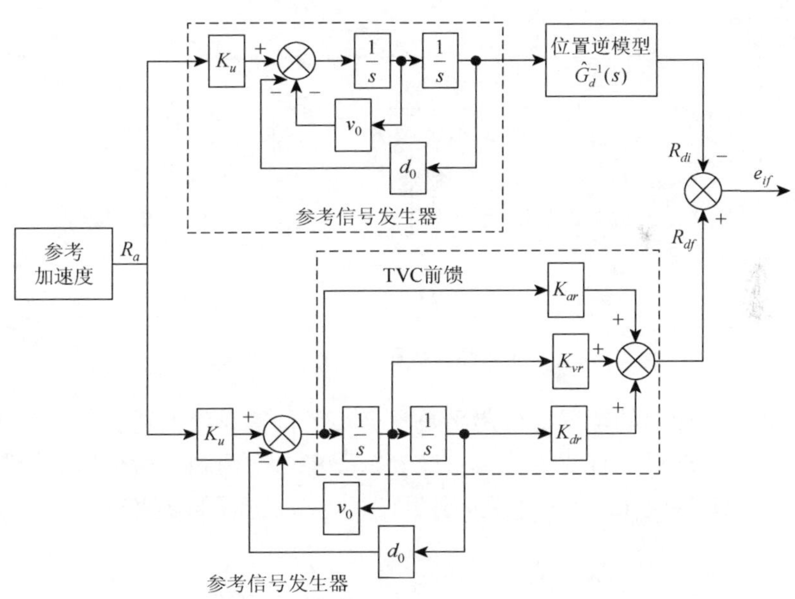

图 7-1　提出的三状态前馈等效原则

如果设计出的 $\hat{G}_d^{-1}(s)$ 与真实系统的逆传递函数具有较高的精度，那么式(7-2)成立

$$G_d(s)\hat{G}_d^{-1}(s) \approx 1 \tag{7-2}$$

根据基于三状态反馈的位置闭环动态特性，可以得到

$$\hat{G}_d^{-1}(s) \approx \left(\frac{s}{\omega_r}+1\right)\left(\frac{s^2}{\omega_{nc}^2}+\frac{2\xi_{nc}}{\omega_{nc}}s+1\right) \tag{7-3}$$

通过式（7-3）可以看到：提出的等效原则不仅可以对消距离虚轴较近的极点，而且可以进一步拓展位置频宽。这种方案理论上可以无限拓展系统频宽，然而在实际中，由于辨识的模型偏差以及设计出的逆模型与真实系统的逆模型存在着不可避免的模型偏差，所以能够拓展的加速度频宽是有一定限度的。

图 7-2 在离散采样的情况下进行，所以在进行设计和试验过程中，采用的是离散传递函数。$G_d(s)$ 的离散传递函数记为 $G_d(z)$，辨识的传递函数记为 $\hat{G}_d(z)$ 并且其逆传递函数记为 $\hat{G}_d^{-1}(z)$。上述提出的改进的三状态控制器较传统的三状态控制器不仅减少了三个前馈增益的在线调节过程，而且可以提高波形复现精度。然而，提出的等效原则能够取得较好波形复现精度的一个关键因素是设计的位置逆传递函数与真实系统的逆传递函数的精确程度。

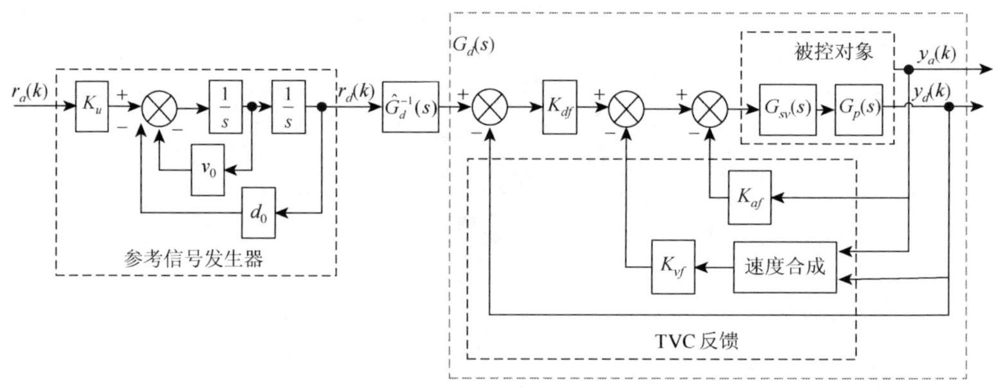

图 7-2　基于等效原则的三状态控制算法

为了降低设计出的位置逆传递函数与真实的位置系统的逆传递函数之间的模型偏差，本书提出了一种改进的内模控制以改善这一问题。所提出的控制策略如图 7-3 所示，图中 $\hat{G}_d^{-1}(z)$、$G_d(z)$ 分别为 $\hat{G}_d^{-1}(s)$ 和 $G_d(s)$ 的 z 变换，其中 $\hat{G}_d^{-1}(z)$ 为

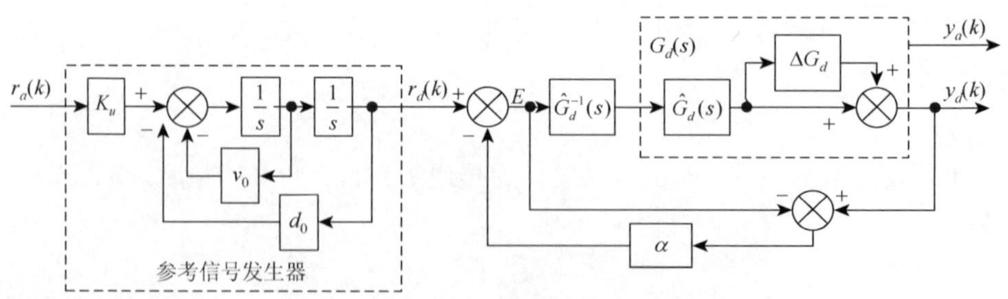

图 7-3　提出的三状态控制算法

离线设计的振动台位置闭环的逆传递函数，并且有 $G_d(z)\hat{G}_d^{-1}(z)\approx 1$，$\Delta G_d$ 是设计的位置逆传递函数与真实的位置系统的逆传递函数之间的模型偏差，振动台位置闭环的动态特性定义为 $G_d(z)=\hat{G}_d(z)(1+\Delta G_d)$。

根据图 7-3，那么振动台位移输出 $y_d(k)$ 为

$$y_d(k)=\hat{G}_d^{-1}(z)E\hat{G}_d(z)(1+\Delta G_d) \tag{7-4}$$

根据式（7-4），$y_d(k)$ 可以进一步写为

$$y_d(k)=(1+\Delta G_d)E \tag{7-5}$$

根据图 7-3，中间变量 E 可以导出

$$E=\frac{r_d(k)-\alpha y_d(k)}{1-\alpha} \tag{7-6}$$

将式（7-6）代入式（7-5），有

$$y_d(k)=\frac{1+\Delta G_d}{1+\alpha\Delta G_d}r_d(k) \tag{7-7}$$

根据式（7-7）可以看到，振动台位移输出响应 $y_d(k)$ 主要由模型偏差 ΔG_d 决定，因此，需要在线调节参数 α 以降低 ΔG_d 对波形复现的精度的影响。根据 α 的不同条件，$y_d(k)$ 可以进一步写为

$$y_d(k)=\begin{cases}(1+\Delta G_d)r_d(k), & \alpha=0\\ \dfrac{1+\Delta G_d}{1+\alpha\Delta G_d}r_d(k), & \alpha\neq 0\end{cases} \tag{7-8}$$

根据式（7-8）以及 α 的不同条件，位移跟踪偏差信号为

$$e_d(k)=y_d(k)-r_d(k)=\begin{cases}\Delta G_d r_d(k), & \alpha=0\\ \dfrac{(1-\alpha)\Delta G_d}{1+\alpha\Delta G_d}r_d(k), & \alpha\neq 0\end{cases} \tag{7-9}$$

根据式（7-9）的推导，同样可以得到加速度跟踪偏差信号为

$$e_a(k)=y_a(k)-r_a(k)=\begin{cases}G_{AR}(z)\Delta G_d r_a(k), & \alpha=0\\ \dfrac{G_{AR}(z)(1-\alpha)\Delta G_d}{1+\alpha\Delta G_d}r_a(k), & \alpha\neq 0\end{cases} \tag{7-10}$$

式中，$G_{AR}(z)$ 为加速度参考信号发生器 $G_{AR}(s)$ 的 z 变换；$r_a(k)$ 为参考加速度信号；$e_a(k)$ 为加速度跟踪偏差信号。

式（7-10）中给出了不同情况下的加速度跟踪偏差，主要由 ΔG_d 造成。为了比较所提出的改进内模控制的有效性，有下面不等式成立

$$\left|\frac{(1-\alpha)\Delta G_d}{1+\alpha\Delta G_d}\right|G_{AR}(z)r_a(k)<\left|(1-\alpha)\Delta G_d\right|G_{AR}(z)r_a(k)<\left|\Delta G_d\right|G_{AR}(z)r_a(k) \tag{7-11}$$

从上面不等式可以看出，提出的改进三状态控制器较传统的三状态控制器

很大程度上减小了加速度跟踪偏差。理论上验证了提出的改进三状态控制器的可行性。

7.2　基于前馈补偿控制的离线时域波形复现

为了在振动台上精确复现加速度参考信号，在第 2 章中，利用三状态控制技术对伺服控制系统进行了校正，以提高振动台加速度闭环系统的频率响应特性。尽管如此，振动台控制系统在进行激振时，仍然不能完全对输入信号进行精确复现。采用逆传递函数均衡控制策略可以进一步提高波形复现的精度，其原理如图 7-4 所示。

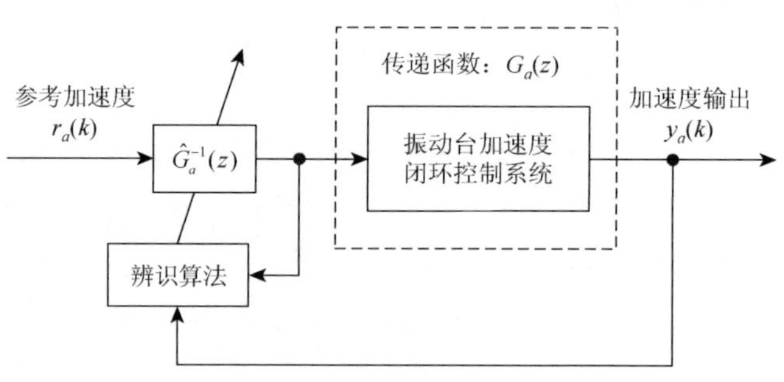

图 7-4　逆传递函数均衡技术

假如振动台控制系统的加速度闭环传递函数为 $G_a(z)$，由于振动台控制系统的输出存在幅值衰减和相位滞后的现象，所以该传递函数 $G_a(z)\neq 1$。前馈补偿控制技术通过辨识电液振动台加速度闭环系统的传递函数 $G_a(z)$，然后把加速度参考信号乘以加速度闭环系统的逆传递函数 $\hat{G}_a^{-1}(z)$，即可得到新的激励信号，然后利用该信号激励加速度闭环系统，可提高系统的波形复现精度。采用前馈补偿技术，能够对很宽频带内的加速度期望信号进行较精确的复现。因为采用逆传递函数补偿技术，主要是改善试验系统的动态响应特性，而不是改善系统的闭环反馈特性。前馈补偿技术是基于不变性原理，即将前馈控制环节设计成待校正的闭环系统的逆，使校正后系统的传递函数为 1。只要对加速度闭环系统的传递函数进行准确辨识，并设计出其逆传递函数，就可以对系统的动态特性进行有效补偿，从而可以在振动台控制系统上实现时域波形的准确复现。

7.2.1　基于非参数模型的前馈补偿

在振动台时域波形复现试验中，重要的问题是如何在振动台控制系统中实现振动试验的均衡。当一个参考加速度信号输入振动台试验系统时，固定在振动台上的加速度传感器将会产生一个对应的加速度输出响应信号。其加速度波形复现的精度取决于加速度闭环系统的动态特性。该加速度闭环动态特性主要包括参考信号发生器、改进的三状态控制器以及伺服阀、液压作动器等的动态特性。

基于非参数模型的前馈补偿原理如图 7-5 所示，其中 $G_a(z)$ 为加速度动态特性的传递函数，$\hat{G}_a(z)$ 为 $G_a(z)$ 的估计，并且 $G_a(z)=\hat{G}_a(z)(1+\Delta G_a)$ 成立，$r_a(k)$ 和 $y_a(k)$ 分别为参考加速度信号和振动台加速度输出响应信号，驱动信号 $d_a(k)$ 的自功率谱密度函数为 $G_{d_a d_a}(f)$，驱动信号 $d_a(k)$ 与对应的加速度输出信号 $y_a(k)$ 的互功率谱密度为 $G_{d_a y_a}(f)$。振动台加速度试验系统的传递函数 $H(f)$ 主要由振动台和试件的动态特性所决定，其输入输出关系为

$$H(f)=\frac{G_{d_a y_a}(f)}{G_{d_a d_a}(f)} \tag{7-12}$$

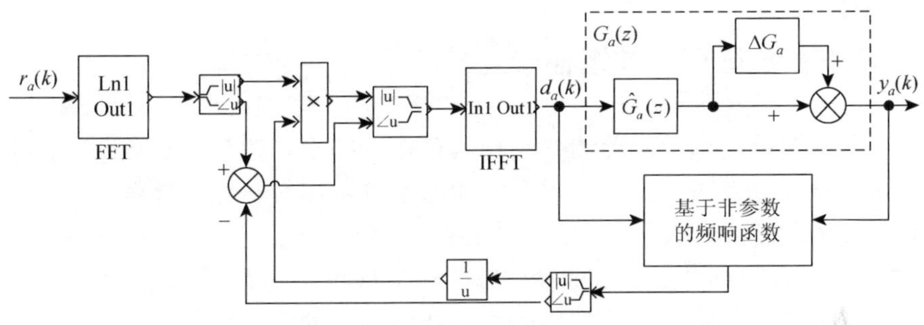

图 7-5　基于非参数模型的前馈补偿原理

从图 7-5 可以看出，采用传统的非参数模型在均衡的过程中，需要进行大量的 FFT 和 IFFT，这种运算是复数谱的运算，即不丢失相位特性，因此必须增加相位的运算及补偿、修正等环节。根据图 7-5 的前馈补偿原理，其均衡过程：利用非参数模型估计技术可以得到系统的传递函数 $H(f)$，并将其幅值和相位分别与参考信号的幅值和相位进行相关运算，然后经过 IFFT 运算后即可得到时域驱动信号 $d_a(k)$。当采用该时域驱动信号激励振动台系统后，振动台加速度输出响应 $y_a(k)$ 将与参考加速度信号 $r_a(k)$ 近似一致（允许有一定的误差），因为得到的时域驱动信号 $d_a(k)$ 可以对振动台加速度动态特性进行补偿，即达到了提高加速度波形复现的目的。

假设估计的模型与加速度实际系统之间的模型偏差为 ΔG_a，被估计的系统传递函数为 $\hat{G}_a(z)$，而振动台加速度系统的实际传递函数为 $G_a(z)$。根据图 7-5，有

$$G_a(z)=\hat{G}_a(z)(1+\Delta G_a) \tag{7-13}$$

被估计的频响函数的逆特性可表示为

$$H^{-1}(f) = \frac{G_{d_a d_a}(f)}{G_{d_a y_a}(f)} \tag{7-14}$$

时域驱动信号 $d_a(k)$ 为

$$d_a(k) = \text{IFFT}\{H^{-1}(f)\text{FFT}[r_a(k)]\} \tag{7-15}$$

振动台加速度输出信号 $y_a(k)$ 为

$$\begin{aligned} y_a(k) &= \hat{G}_a(z)(1+\Delta G_a)d_a(k) \\ &= \hat{G}_a(z)(1+\Delta G_a)\text{IFFT}\{H^{-1}(f)\text{FFT}[r_a(k)]\} \\ &\approx (1+\Delta G_a)r_a(k) \end{aligned} \tag{7-16}$$

从式（7-16）可以看出，经过均衡后，振动台加速度输出响应主要受到模型偏差 ΔG_a 的影响。因此，基于传递函数均衡的控制方法的复现精度很大程度上取决于能否实现系统逆传递函数特性的精确估计。

7.2.2　基于参数模型的前馈补偿及其改进

基于非参数频响函数的前馈补偿技术存在一些不可避免的缺点：①由于辨识的频响函数是在复数谱下运算，需要将加速度参考信号转化为复数域进行运算；②均衡过程中需要进行大量的 FFT 和 IFFT 运算，带来了较大的计算量；③FFT 和 IFFT 需要一帧一帧地运算，即在缓存中读取数据时会存在延时问题。鉴于以上缺点，本书将采用基于参数模型的前馈补偿控制技术，这种技术将会克服以上问题。而基于参数模型的前馈补偿只需设计出加速度逆传递函数，直接将设计的逆传递函数作为加速度闭环的前馈环节对加速度系统的动态特性进行补偿。基于参数模型的前馈补偿原理如图 7-6 所示，其中，$r_a(k)$ 和 $y_a(k)$ 分别为参考加速度信号和振动台加速度输出响应信号，$\hat{G}_a^{-1}(z)$ 为设计的振动台加速度闭环系统的逆传递函数，并有 $\hat{G}_a^{-1}(z)\hat{G}_a(z)\approx 1$ 和 $G_a(z)=\hat{G}_a(z)(1+\Delta G_a)$。

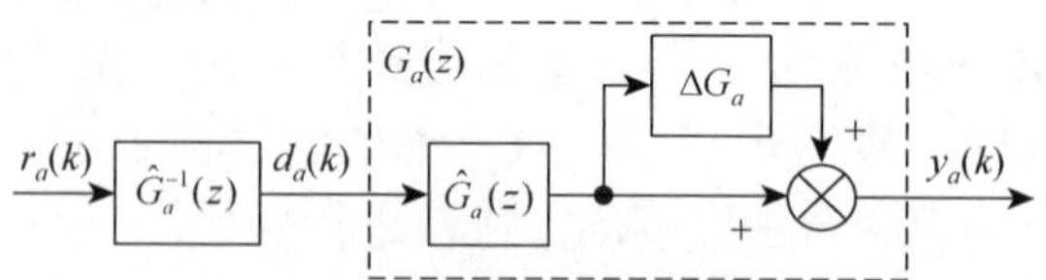

图 7-6　基于参数模型的前馈补偿原理

根据图 7-6 的基于参数模型的前馈补偿原理，可以得到振动台加速度输出信号 $y_a(k)$ 为

$$y_a(k)=\hat{G}_a^{-1}(z)\hat{G}_a(z)(1+\Delta G_a)r_a(k)=(1+\Delta G_a)r_a(k) \tag{7-17}$$

从式（7-17）可以看到，该补偿方法较为简洁、方便。只要设计的逆传递函数满足加速度闭环系统补偿的要求，可以直接对驱动信号进行修正。然而，这种前馈补偿方法也与加速度闭环系统的逆传递函数设计的精度有很大关系，即模型偏差将直接影响加速度波形复现的精度。由于采用 RELS 辨识出来的加速度离散传递函数是一个非最小相位系统，虽然采取了泰勒级数展开对其进行修正，但是仍然存在着相位偏差较大的问题，如何进一步改进设计的逆模型和实际系统的逆之间的偏差，尤其相位偏差是一个需要解决的问题。

根据图 7-6，无模型偏差补偿的条件下，跟踪偏差为

$$\begin{aligned}E_{arr}(z)&=Y_a(z)-X_a(z)\\&=\hat{G}_a^{-1}(z)\{\hat{G}_a(z)[1+\Delta G_a(z)]\}-X_a(z)\\&=\Delta G_a(z)X_a(z)\end{aligned} \tag{7-18}$$

提出一种模型偏差补偿器，如图 7-7 所示。

$$\begin{aligned}E_{arr}^*(z)&=Y_a^*(z)-X_a(z)\\&=\hat{G}_a^{-1}(z)(1-\alpha\Delta G_a(z))\{\hat{G}_a(z)[1+\Delta G_a(z)]\}X_a(z)-X_a(z)\\&=\Delta G_a(z)X_a(z)-\alpha\Delta G_a(z)X_a(z)-\alpha(\Delta G_a(z))^2X_a(z)\end{aligned} \tag{7-19}$$

式中，α 为调节增益，$0\leqslant\alpha\leqslant1$。

根据式（7-18）和式（7-19），两个跟踪偏差的比值为

$$\frac{|E_{arr}^*(z)|}{|E_{arr}(z)|}=\frac{|\Delta G_a(z)X_a(z)-\alpha\Delta G_a(z)X_a(z)-\alpha(\Delta G_a(z))^2X_a(z)|}{|\Delta G_a(z)X_a(z)|}=|1-\alpha-\alpha\Delta G_a(z)| \tag{7-20}$$

因此，在 α 条件下，式（7-20）变为

$$0\leqslant\frac{|E_{arr}^*(z)|}{|E_{arr}(z)|}\leqslant1 \tag{7-21}$$

根据式（7-21），可以看出模型偏差补偿器可以提高加速度跟踪精度（图 7-7）。

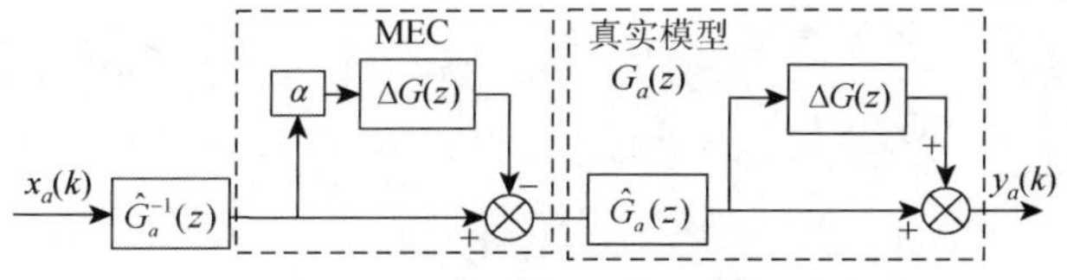

图 7-7　基于模型偏差补偿的前馈补偿控制

针对基于参数模型的补偿技术所存在的问题，本书提出了一种改进的控制策略以尽可能消除 ΔG_a 所带来的影响。所提出的控制策略的原理如图 7-8 所示，其中，$n(k)$ 是外界噪声信号，α 和 K_b 是需要在线调节的增益，E、R_a 和 u 是中间

变量。该补偿方案的基本原理：首先采用基于参数模型的逆传递函数对系统进行初步均衡，在此基础上再采用一个改进的内模控制（通过调节参数α，$0<\alpha<1$）和一个实时反馈控制器（通过调节参数K_b）来进一步降低模型偏差。

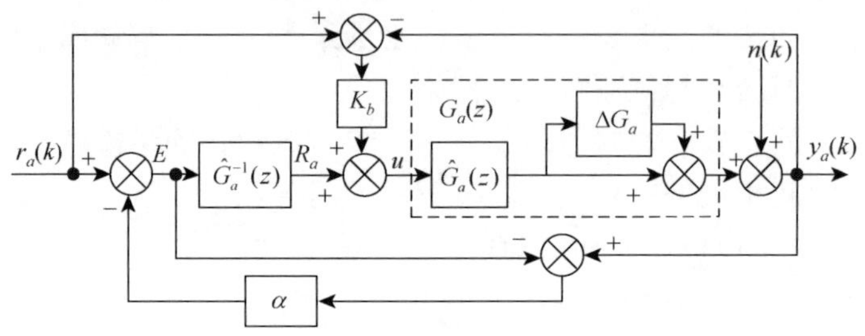

图 7-8　提出的改进前馈补偿控制

根据图 7-8，振动台加速度的输出响应为

$$y_a(k)=\left\{\hat{G}_a^{-1}(z)E+K_b[r_a(k)-y_a(k)]\right\}\hat{G}_a(z)(1+\Delta G_a)+n(k) \tag{7-22}$$

根据式（7-22），$y_a(k)$可以进一步写为

$$y_a(k)=\frac{(1+\Delta G_a)E+K_b\hat{G}_a(z)(1+\Delta G_a)r_a(k)+n(k)}{1+K_b\hat{G}_a(z)(1+\Delta G_a)} \tag{7-23}$$

根据图 7-8，中间变量E可以导出

$$E=\frac{r_a(k)-\alpha y_a(k)}{1-\alpha} \tag{7-24}$$

将式（7-24）代入式（7-23），有

$$y_a(k)=\frac{1+\Delta G_a+(1-\alpha)K_b\hat{G}_a(z)(1+\Delta G_a)}{1+\alpha\Delta G_a+(1-\alpha)K_b\hat{G}_a(z)(1+\Delta G_a)}r_a(k)+\frac{1-\alpha}{1+\alpha\Delta G_a+(1-\alpha)K_b\hat{G}_a(z)(1+\Delta G_a)}n(k) \tag{7-25}$$

由式（7-25）可以看到，振动台加速度输出响应$y_a(k)$主要由参考信号$r_a(k)$和噪声干扰信号$n(k)$组成，需要在线调节参数α和K_b以提高波形复现的精度。根据α和K_b的不同条件，为了易于进行比较，假设$n(k)=0$，$y_a(k)$可以进一步写为

$$y_a(k)=\begin{cases}(1+\Delta G_a)r_a(k), & \alpha=0,\ K_b=0\\ \dfrac{1+\Delta G_a+K_b\hat{G}_a(z)(1+\Delta G_a)}{1+K_b\hat{G}_a(z)(1+\Delta G_a)}r_a(k), & \alpha=0,\ K_b\neq0\\ \dfrac{1+\Delta G_a}{1+\alpha\Delta G_a}r_a(k), & \alpha\neq0,\ K_b=0\\ \dfrac{1+\Delta G_a+(1-\alpha)K_b\hat{G}_a(z)(1+\Delta G_a)}{1+\alpha\Delta G_a+(1-\alpha)K_b\hat{G}_a(z)(1+\Delta G_a)}r_a(k), & \alpha\neq0,\ K_b\neq0\end{cases} \tag{7-26}$$

根据式（7-26）以及 α 和 K_b 的不同条件，加速度跟踪偏差信号为

$$e_a(k) = y_a(k) - r_a(k)$$

$$= \begin{cases} \Delta G_a r_a(k), & \alpha = 0，K_b = 0 \\ \dfrac{\Delta G_a}{1 + K_b \hat{G}_a(z)(1+\Delta G_a)} r_a(k), & \alpha = 0，K_b \neq 0 \\ \dfrac{(1-\alpha)\Delta G_a}{1+\alpha\Delta G_a} r_a(k), & \alpha \neq 0，K_b = 0 \\ \dfrac{(1-\alpha)\Delta G_a}{1+\alpha\Delta G_a + (1-\alpha)K_b \hat{G}_a(z)(1+\Delta G_a)} r_a(k), & \alpha \neq 0，K_b \neq 0 \end{cases} \tag{7-27}$$

从式（7-27）可以看到，不同情况下的加速度跟踪偏差信号已经导出，为了比较各个情况下的偏差的大小，有下面两个不等式成立

$$\left|\frac{(1-\alpha)\Delta G_a}{1+\alpha\Delta G_a + (1-\alpha)K_b \hat{G}_a(z)(1+\Delta G_a)}\right| r_a(k) < \left|\frac{(1-\alpha)\Delta G_a}{1+\alpha\Delta G_a}\right| r_a(k) < \left|\Delta G_a\right| r_a(k) \tag{7-28}$$

$$\left|\frac{(1-\alpha)\Delta G_a}{1+\alpha\Delta G_a + (1-\alpha)K_b \hat{G}_a(z)(1+\Delta G_a)}\right| r_a(k) < \left|\frac{\Delta G_a}{1+K_b \hat{G}_a(z)(1+\Delta G_a)}\right| r_a(k) < \left|\Delta G_a\right| r_a(k) \tag{7-29}$$

从上面两个不等式可以看出，所提出的改进算法与传统的基于参数模型的前馈补偿相比，在很大程度上减小了加速度跟踪偏差。

7.2.3　基于自适应逆建模的前馈补偿控制

在传统多轴振动台时域波形复现控制算法中，经常采用 H1 法估计系统的频响函数矩阵[35]，然而，上面总结出一些关于基于 H1 法的前馈补偿技术所存在的缺点。而采用基于参数模型辨识出来的离散传递函数模型可能是一个非最小相位系统，其逆模型是一个不稳定的传递函数，因此需要采用零相差跟踪控制技术来解决这一问题，但是设计的逆传递函数与真实系统存在着不可避免的偏差。所以，采用基于 H1 法的非参数模型的前馈补偿技术以及基于参数模型的补偿技术进行时域波形复现试验时，均会影响波形复现的精度。因此，本章将采用另一种前馈补偿技术——基于自适应滤波器的逆建模均衡，该方法不需要进行 FFT 和 IFFT 计算，并且不存在非最小相位问题。

基于自适应逆建模的前馈补偿原理如图 7-9 所示，其中，$r_a(k)$ 和 $y_a(k)$ 分别为参考加速度信号和振动台输出响应信号，$G_a(z)$ 是加速度闭环的传递函数，并且 $\hat{G}_a^{-1}(z)$ 是其设计的逆模型，α 是改进的内模控制调节参数，$M(z)$ 为参考模型，一般选择为单位 1 或者参考信号的延时环节，在自适应逆建模中，通常

选为延时环节，并且延时的长度是滤波器 FIR 长度的一半。如果被控对象的输出端没有噪声，那么可以采用自适应算法直接辨识出所需的逆模型，然而振动台在实际工作过程中，加速度输出响应不可避免地存在着噪声信号，具有噪声的加速度输出响应信号作为自适应滤波器的输入信号时，噪声会使 LMS 算法的最优解发生很大的偏差，致使辨识出逆传递函数将存在较大的偏差[118]。因为被控对象的输出噪声也将作为输入信号直接进入自适应滤波器中，所以会造成滤波器的输入方差矩阵与理想值具有很大偏差。本书采用间接逆建模的思想来辨识加速度逆模型，基于自适应辨识及前馈补偿的基本原理：采用递推增广最小二乘算法离线或在线辨识出振动台的加速度传递函数 $\hat{G}_a(z)$，然后利用所辨识的模型作为新的仿真模型，并采用 LMS 自适应算法辨识出所需的逆模型 $C_a(z)$，将辨识出的逆模型 $C_a(z)$ 作为加速度闭环的前馈环节对加速度闭环系统进行均衡。

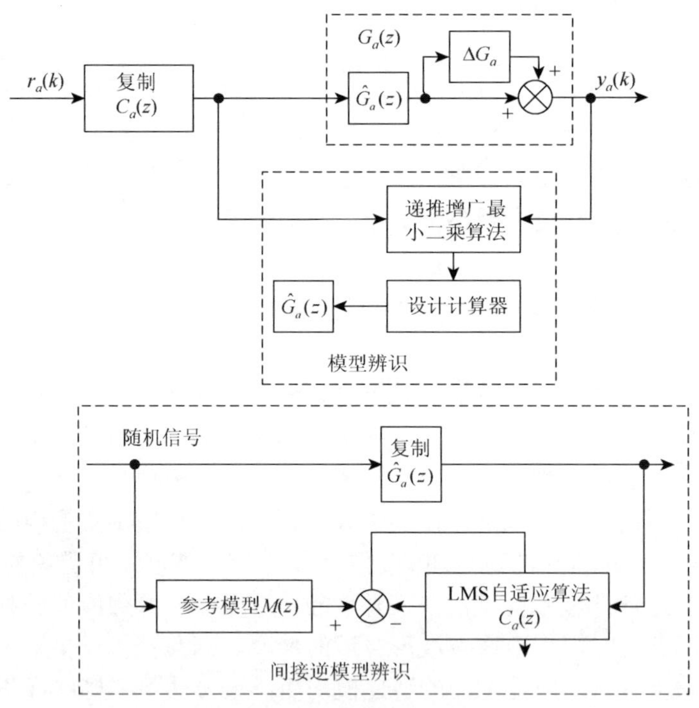

图 7-9　基于自适应逆建模前馈补偿技术

根据图 7-9 的原理，采用辨识的模型 $\hat{G}_a(z)$ 作为自适应逆辨识的被控对象，当自适应算法 LMS 收敛到最优解后，有

$$C_a(z)\hat{G}_a(z) = M(z) = z^{-l/2} \tag{7-30}$$

式中，l 为 FIR 滤波器的长度。

如图 7-9 所示，将辨识出的逆模型 $C_a(z)$ 作为前馈环节对加速度闭环进行均衡，那么振动台加速度输出响应为

$$y_a(k)=C_a(z)z^{-d}\hat{G}_a(z)(1+\Delta G_a)r_a(k) \tag{7-31}$$

式中，z^{-d} 为 $C_a(z)$ 与加速度参考信号进行帧运算所需要的延时时间；ΔG_a 为 $\hat{G}_a(z)$ 与振动台加速度系统真实模型 $G_a(z)$ 之间的模型偏差，并且有 $G_a(z)=\hat{G}_a(z)(1+\Delta G_a)$ 存在。

将式（7-26）代入式（7-27），则振动台加速度输出响应最终为

$$y_a(k)=z^{-(d+l/2)}(1+\Delta G_a)r_a(k) \tag{7-32}$$

从式（7-28）中可以看到，振动台的加速度波形复现精度将与模型偏差 ΔG_a 以及延时有关，由于延时的存在将无法采取改进的措施来消除模型偏差。这种方法避免了非最小相位系统的设计问题，因此，所辨识的逆模型 $C_a(z)$ 可以直接进行均衡，如果模型及其逆模型辨识精度较高，那么这种方案将会获得较高的波形复现精度。

7.3　基于离线迭代控制的离线时域波形复现

采用前馈逆模型补偿一次即可达到试验所要求的精度，然而电液振动台加速度闭环系统存在着很大的非线性因素，并且加速度逆传递函数与实际系统不可避免地存在着模型偏差。所以还需要采用离线迭代技术以提高最终的波形复现精度。

7.3.1　传统的离线迭代控制

如果被控系统是线性系统，并且估计的 $\hat{G}_a^{-1}(z)$ 很准确，那么采用前馈逆模型补偿一次即可达到试验所要求的精度，然而电液振动台闭环系统存在着很大的非线性因素，虽然 $\hat{G}_a^{-1}(z)$ 与实际系统存在的模型偏差 ΔG_a 可以通过改进的内模控制及实时反馈补偿进行很大程度上的消除，但是可能仍然达不到用户的要求。而迭代控制已经成为结构测试、汽车与地震领域的一种至关重要的控制策略。基于非参数模型的离线迭代技术是解决时域波形复现问题的一种实用的方法[36]。各种商业软件包，如 MTS 公司的 RPC、Schenck 公司的 ITFC、Faithurst 公司的 IDC 以及 SD 公司的 JAGUAR MIMO 波形复现等，已经研制成功并成功应用于各类电液振动台中。

1. 传统离线迭代控制原理

为了研究迭代控制的收敛性能，图 7-10 给出了迭代控制的工作原理图，其中，被控对象系统的传递函数同样考虑到模型偏差和系统不确定性，表示为 $G_a(z)=\hat{G}_a(z)(1+\Delta G_a)$，$u^j$ 是当前时刻的时域驱动信号，u^{j-1} 是上一时刻的时域驱动信号，$r_a(k)$ 是振动台加速度参考信号，$y_a(k)$ 是系统的加速度输出信号，β^j 表示当前迭代的迭代增益。

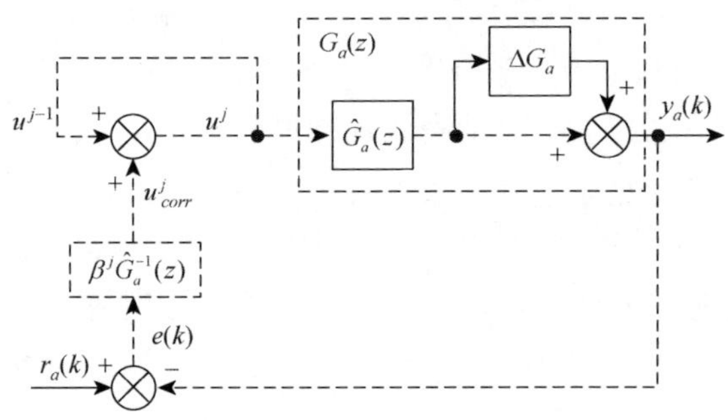

图 7-10 传统的迭代控制原理

根据上述迭代控制的原理，可以得到当前迭代生成的时域驱动信号为

$$u^j = u^{j-1} + \beta^j \hat{G}_a^{-1}[r_a(k) - y_a{}^{j-1}(k)] \tag{7-33}$$

根据图 7-10，可以得到系统在当前迭代条件下的输出信号为

$$y_a^j(k) = G_a(z)u^j = \hat{G}_a(z)(1+\Delta G_a)u^j \tag{7-34}$$

那么，当前迭代条件下的跟踪偏差为

$$e^j(k) = r_a(k) - y_a{}^j(k) = r_a(k) - \hat{G}_a(z)(1+\Delta G_a)u^j \tag{7-35}$$

将式（7-34）代入式（7-35），进一步化简为

$$\begin{aligned} e^j(k) &= r_a(k) - \hat{G}_a(z)(1+\Delta G_a)\{u^{j-1} + \beta^j \hat{G}_a^{-1}(z)[r_a(k) - y_a^{j-1}(k)]\} \\ &= r_a(k) - \hat{G}_a(z)(1+\Delta G_a)u^{j-1} - \beta^j(1+\Delta G_a)e^{j-1}(k) \\ &= r_a(k) - y_a{}^{j-1}(k) - \beta^j(1+\Delta G_a)e^{j-1}(k) \\ &= [1-\beta^j(1+\Delta G_a)]e^{j-1}(k) \end{aligned} \tag{7-36}$$

从式（7-36）可以看出，当前迭代的跟踪偏差是上一次迭代跟踪偏差的函数，有式（7-37）成立，即

$$\frac{e^j(k)}{e^{j-1}(k)} = 1 - \beta^j(1+\Delta G_a) \tag{7-37}$$

根据式（7-37），迭代控制算法收敛的条件为

$$\left\|1-\beta^{j}(1+\Delta G_{a})\right\|_{\infty,t}<1 \tag{7-38}$$

迭代增益 β^{j} 和模型偏差及系统不确定性 ΔG_{a} 将影响迭代控制的收敛速度及稳定性。当迭代增益 $\beta^{j}=1$ 时，此时的收敛条件变为 $\left\|\Delta G_{a}\right\|_{\infty,t}<1$。当 $\left\|\Delta G_{a}\right\|_{\infty,t}>1$，只有 $\beta^{j}<1$ 成立时，才能保证迭代收敛，否则会出现发散。而在实际调试过程中，β^{j} 一般根据经验或反复调试来决定。

2. 传统离线迭代控制流程图

传统的迭代控制流程如图 7-11 所示。具体流程如下。

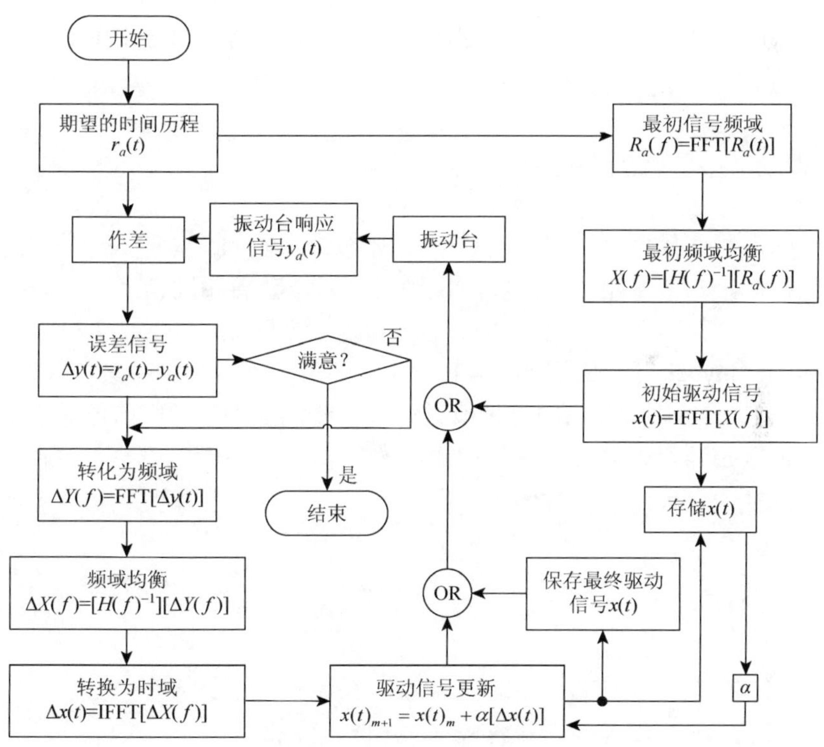

图 7-11　传统的迭代控制流程图

（1）取一段期望的时间历程信号 $r_a(t)$，计算期望信号的傅里叶变换 $R_a(f)$，根据已经得到的频响函数矩阵 $H(f)$，可以计算出频域初始驱动信号 $X(f)$。

$$X(f)=[H(f)^{-1}][R_a(f)] \tag{7-39}$$

（2）对频域初始驱动信号 $X(f)$ 进行傅里叶逆变换得到初始驱动信号 $x(t)$。

（3）利用 $x(t)$ 激励系统，同时采集第一次响应信号，开始迭代。计算振动台加速度输出响应信号与期望信号的时域误差，即

$$\Delta y(t) = r_a(t) - y_a(t) \tag{7-40}$$

对时域误差信号进行傅里叶变换就可得到频域响应误差。

（4）根据频域响应误差和已辨识的频响函数，可以计算出频域下驱动信号的修正信号 $\Delta X(f)$

$$\Delta X(f) = [H(f)^{-1}][\Delta Y(f)] \tag{7-41}$$

（5）将 $\Delta X(f)$ 进行傅里叶逆变换就可得到时域下驱动信号的修正信号 $\Delta x(t)$。把 $\Delta x(t)$ 加到上一次迭代的驱动信号 $x(t)_m$，就可得到本次修正后的新的驱动信号

$$x(t)_{m+1} = x(t)_m + \alpha[\Delta x(t)] \tag{7-42}$$

再用新得到的驱动信号激励系统，这样反复迭代，直到得到与期望信号对应的驱动信号。

7.3.2 改进的离线迭代控制

传统的离线迭代控制存在着收敛速度较慢的问题，De Cuyper 等[59]提出了一种改进的控制策略。采用了一个实时反馈控制器，获得相同精度的试验结果，所提出的控制策略仅需要 3 次离线迭代，而常规离线迭代至少需要 7 次迭代。

根据 De Cuyper 等[59]的思想，本书在此基础之上提出一种改进迭代控制策略，原理如图 7-12 所示。所提出的这种改进迭代控制的原理：利用前馈逆模型 $\hat{G}_a^{-1}(z)$ 及改进的内模控制首先对系统进行均衡，设均衡后的系统为 $H(z)$，然后在此基础上进行离线迭代。均衡后系统的传递函数为

$$H(z) = \frac{1 + \Delta G_a}{1 + \alpha \Delta G_a} \tag{7-43}$$

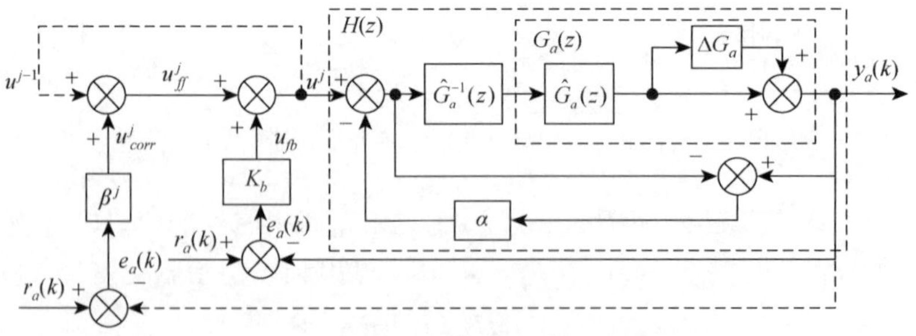

图 7-12 提出的迭代控制原理

根据图 7-12 的迭代控制原理，可以得到当前迭代生成的时域驱动信号，即

$$\begin{aligned}u_{ff}^{j}&=u^{j-1}+u_{corr}^{j}\\&=u_{ff}^{j-1}+K_b(r_a(k)-y_a^{j-1}(k))+\beta^{j}e^{j-1}\\&=u_{ff}^{j-1}+(K_b+\beta^{j})e^{j-1}\end{aligned}\tag{7-44}$$

在当前迭代条件下的输出信号为

$$y_a^{j}(k)=H(z)u^{j}=H(z)u_{ff}^{j}+H(z)K_b(r_a(k)-y_a^{j}(k))\tag{7-45}$$

对式（7-45）进一步简化，得到

$$\begin{aligned}y_a^{j}(k)&=\frac{1}{1+H(z)K_b}H(z)u_{ff}^{j}+\frac{H(z)K_b}{1+H(z)K_b}r_a(k)\\&=SH(z)u_{ff}^{j}+Tr_a(k)\end{aligned}\tag{7-46}$$

式中，S 为闭环系统的敏感函数，可以表示为 $S=\dfrac{1}{1+H(z)K_b}$，并且有 $S+T=1$，其中 $T=\dfrac{H(z)K_b}{1+H(z)K_b}$ 为补偿的敏感函数。

根据图 7-12，当前迭代条件下的跟踪偏差

$$e^{j}=r_a(k)-y_a^{j}(k)=r_a(k)-SH(z)u_{ff}^{j}-Tr_a(k)\tag{7-47}$$

将式（7-44）以及式（7-45）代入式（7-47），进一步化简，最终推导为

$$\begin{aligned}e^{j}&=r_a(k)-SH(z)[u_{ff}^{j-1}+(K_b+\beta^{j})e^{j-1}]-Tr_a(k)\\&=[r_a(k)-SH(z)u_{ff}^{j-1}-Tr_a(k)]-Te^{j-1}-\beta^{j}SH(z)e^{j-1}\\&=[e^{j-1}-Te^{j-1}]-\beta^{j}SH(z)e^{j-1}\\&=Se^{j-1}-\beta^{j}SH(z)e^{j-1}\\&=S[1-\beta^{j}H(z)]e^{j-1}\\&=S[1-\beta^{j}\frac{1+\Delta G_a}{1+\alpha\Delta G_a}]e^{j-1}\end{aligned}\tag{7-48}$$

从式（7-48）可以看出，当前迭代的跟踪偏差是上一次迭代跟踪偏差的函数，有式（7-49）成立，即

$$\frac{e^{j}}{e^{j-1}}=S\left[1-\beta^{j}\frac{1+\Delta G_a}{1+\alpha\Delta G_a}\right]\tag{7-49}$$

根据式（7-49），迭代控制算法收敛的条件为

$$\left\|S\left[1-\beta^{j}\frac{1+\Delta G_a}{1+\alpha\Delta G_a}\right]\right\|_{\infty,t}\leqslant\left\|\frac{1}{1+\dfrac{1+\Delta G_a}{1+\alpha\Delta G_a}K_b}\right\|_{\infty,t}\left\|\left[1-\beta^{j}\frac{1+\Delta G_a}{1+\alpha\Delta G_a}\right]\right\|_{\infty,t}<1\tag{7-50}$$

根据式（7-50）可以看出，该改进的迭代控制收敛的充分条件是要求$\|S\|_{\infty,t}$和$\left\|\left[1-\beta^{j}\frac{1+\Delta G_a}{1+\alpha\Delta G_a}\right]\right\|_{\infty,t}$均要小于 1。而$\left\|\left[1-\beta^{j}\frac{1+\Delta G_a}{1+\alpha\Delta G_a}\right]\right\|_{\infty,t}$的收敛条件比传统的收敛条件$\|(1-\beta^{j}(1+\Delta G_a))\|_{\infty,t}$改进了。而$\|S\|_{\infty,t}$被称为额外因子是该改进方法的优势所在，可以通过调节实时反馈控制器K_b使之$\|S\|_{\infty,t}$在感兴趣的频率范围内小于 1，并且该方法的跟踪偏差较传统的离线迭代减小了。

7.4　仿 真 验 证

7.4.1　基于非参数模型前馈补偿仿真结果

这部分采用建立的加速度仿真模型进行仿真验证。采用 H1 估计法辨识出加速度仿真模型的频响函数，然后将辨识的加速度模型转化为逆频响函数并分离出其幅值和相位，将得到的加速度逆频响函数的幅值和相位与参考加速度的幅值和相位进行运算，最终经 IFFT 得到时域驱动信号并激励加速度仿真模型。由于仿真模型不存在噪声等外部干扰，基于 H1 法和基于 RIS 法辨识出的非参数频响函数基本一致，本节主要验证基于非参数频响函数均衡的可行性，所以仅考虑 H1 辨识出频响函数的仿真效果。

图 7-13 是采用 1～100Hz 的加速度随机参考信号的前馈均衡的仿真结果。图 7-13（a）是加速度仿真模型的幅频特性以及均衡后的幅频特性对比图，可以看到：均衡后的幅频特性得到了很好改善，然而，每点频率的幅值变化较大，由均衡后的信号的波形失真较严重造成，说明均衡后的波形复现精度不好。图 7-13（b）是其绝对值偏差的积分的对比图，经过均衡后，均方偏差值由 5dB 下降到−6dB，提高了整体的波形复现精度。

图 7-13（b）的绝对值偏差的积分（ITAE，值为 MSE，单位为 dB 表示）的计算可由式（7-51）给出，即

$$\mathrm{ITAE}=\frac{\sum_{i=1}^{N}|e_i|/N}{\sum_{i=1}^{N}|r_i|/N}\times 100\% \tag{7-51}$$

式中，N为采样长度；e_i为跟踪偏差；r_i为参考加速度信号。

由于采用了 FFT 和 IFFT 计算，需要进行缓存的读取而延时了 2.048s，所以从图 7-13（b）中看到，在前 2.048s 没有数据。

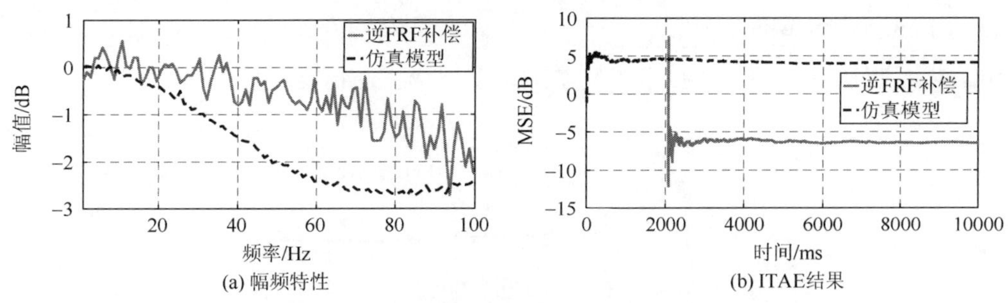

(a) 幅频特性　(b) ITAE结果

图 7-13　基于非参数前馈补偿技术仿真结果

7.4.2　基于参数模型前馈补偿仿真结果

图 7-14 是利用设计出的加速度逆传递函数进行均衡的仿真结果，包括直接均衡结果和提出的前馈补偿结果。从图 7-14 中可以得到：①设计的逆传递函数在幅值和相位上均不能基于 TVC 仿真模型进行很好的均衡，因为辨识和设计的模型与仿真模型存在模型偏差；②采用设计的加速度逆传递函数直接进行均衡的效果不是很理想，幅频特性没有得到改善，而相频位宽由 30Hz 提高到 50H；③采用提出的前馈补偿技术（$\alpha = 0.5$，$K_b = 0.05$）将相位频宽由 30Hz 提高到 90Hz，很大程度上提高了波形复现精度，然而其幅频特性上升了很多，这种提出的算法以幅频特性为代价来提高相频特性。

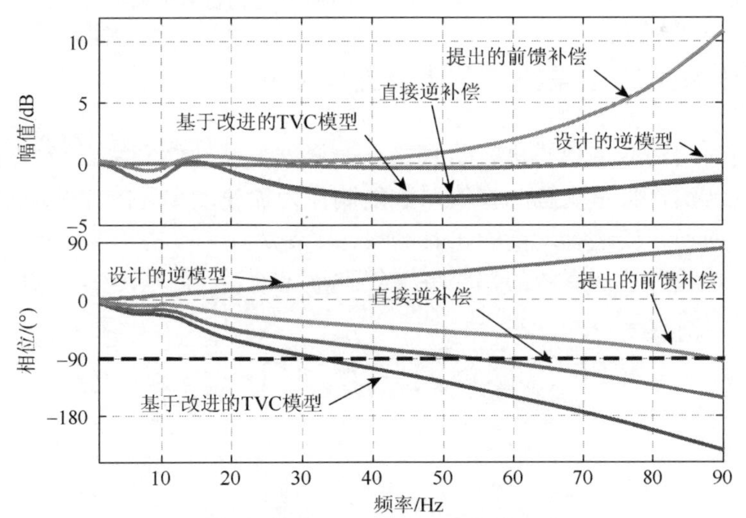

图 7-14　基于参数模型的前馈补偿的频率特性

图 7-15（a）是其绝对值偏差的积分的对比图，从图 7-15（a）可以看到，加速度跟踪的 ITAE 值由改进 TVC 的 6dB 下降到–5dB。图 7-15（b）的时域偏差图

进一步说明了提出的前馈补偿方案的可行性，最大时域偏差信号由 1.5m/s^2 下降到 0.5m/s^2。提出的前馈补偿技术提高了加速度波形复现精度。

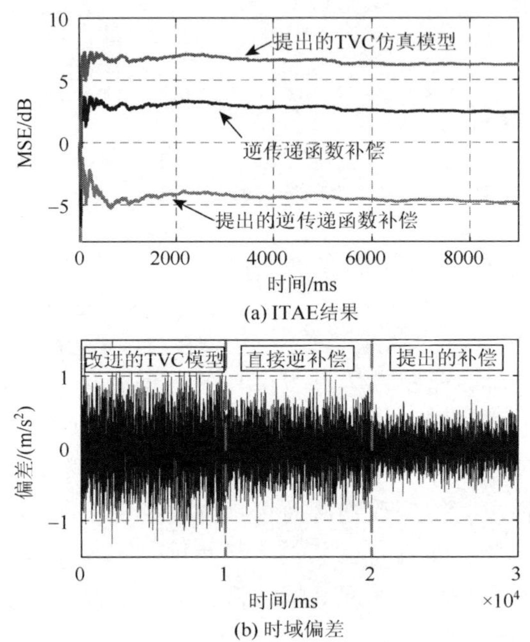

(a) ITAE结果

(b) 时域偏差

图 7-15 基于参数模型的前馈补偿的仿真结果

7.4.3 基于自适应逆建模前馈补偿仿真结果

本节将对自适应逆建模进行仿真验证，根据前馈补偿方案。当自适应逆建模收敛到最优解后，将最优解的权值系数复制作为加速度闭环的前馈环节。图 7-16 是采用自适应逆建模进行均衡的仿真结果，从图 7-16（a）的幅频特性，可以看到，经过间接逆建模补偿后系统的幅频特性得到很大改进，而从图 7-16（b）的均方偏

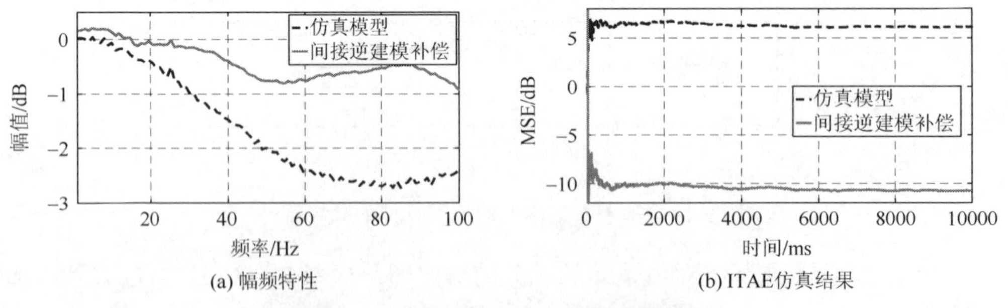

(a) 幅频特性　(b) ITAE仿真结果

图 7-16 基于自适应逆建模仿真结果

差值可以看到，波形复现均方差由 6dB 提高到−10dB。仿真结果表明，基于自适应逆建模的前馈补偿技术可以应用于电液振动台加速度离线时域波形复现。

7.4.4　离线迭代控制仿真结果

为了验证各种迭代控制算法的可行性，以建立的振动台加速度模型为被控对象，对传统的迭代控制和提出的迭代控制进行仿真验证。为了更有效地验证各迭代控制的优缺点，分别采用了 30Hz 正弦信号、50Hz 正弦信号和 80Hz 正弦信号三种参考加速度信号进行离线迭代控制验证。迭代的均方偏差（dB 表示）的仿真结果如图 7-17 所示，不同算法和不同参考加速度信号在每次迭代的迭代增益如表 7-1 所示。从图 7-16 可以看到：①采用提出的迭代控制在进行不同的加速度参考信号迭代时的 MSE 值均小于采用传统的迭代控制所获得的 MSE 值；②提出的离线迭代具有较快的收敛速度。

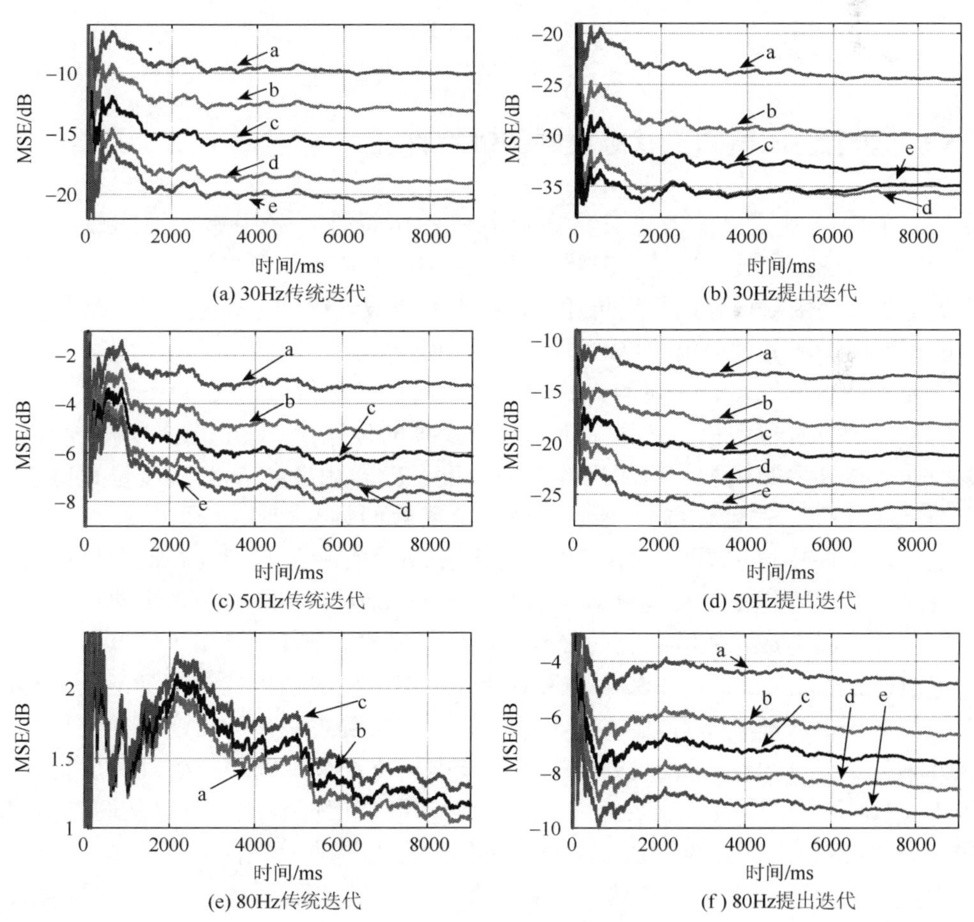

图 7-17　迭代控制仿真结果

表 7-1　仿真迭代增益

迭代算法		30Hz	50Hz	80Hz
传统迭代	第一次迭代 b	0.3	0.3	0.1
	第二次迭代 c	0.2	0.2	0.1
	第三次迭代 d	0.2	0.2	停止迭代
	第四次迭代 e	0.1	0.1	停止迭代
提出迭代	第一次迭代 b	0.3	0.3	0.2
	第二次迭代 c	0.2	0.2	0.1
	第三次迭代 d	0.2	0.2	0.1
	第四次迭代 e	0.1	0.2	0.1

7.5　试 验 验 证

7.5.1　基于逆模型的三状态控制器试验验证

为了验证所提出的改进三状态控制器的可行性，采用递推增广最小二乘（RELS）算法离线辨识出基于三状态反馈控制器的位置闭环传递函数，然后根据辨识出的传递函数设计出其逆传递函数，最后将设计好的位置逆传递函数作为位置闭环的前馈环节对提出的算法进行试验验证。

为了能准确地辨识出试验系统的位置闭环的传递函数，采用 0～300Hz 的随机信号作为位置参考信号激励基于三状态反馈的位置闭环，并采用 9 阶的 ARMA 模型作为传递函数模型。辨识出的 Z 自由度、R_x 自由度和 R_y 自由度位置传递函数如式（7-52）～式（7-55）所示，该传递函数的频率特性如图 7-18 和图 7-19 所示。从该图中可以看出，辨识的模型与振动台实际系统能较好拟合，然而，采用这种方法辨识出的传递函数可能是一个非最小相位系统[110]，主要由辨识过程中采样延时造成。从辨识出的 Z 自由度的位置传递函数（7-52）可以看出有三个零点即 $z=5.202$，$z=-1.52\pm2.13\mathrm{i}$ 在单位圆外，也辨识出位置模型是一个非最小相位系统，从其频率特性图 7-18（b）进一步看到辨识出的传递函数的相位在 240Hz 处达到 180°，即在此处出现了非最小相位现象。同理，R_x 加速度自由度和 R_y 加速度自由度辨识出的系统也是一个非最小相位系统，可以从图 7-18 和图 7-19 的相频特性看到。系统本身存在延时是出现非最小相位系统的一个根本原因。非最小相位系统的逆传递函数将是一个不稳定的系统，不可直接用于前馈环节的补偿中。

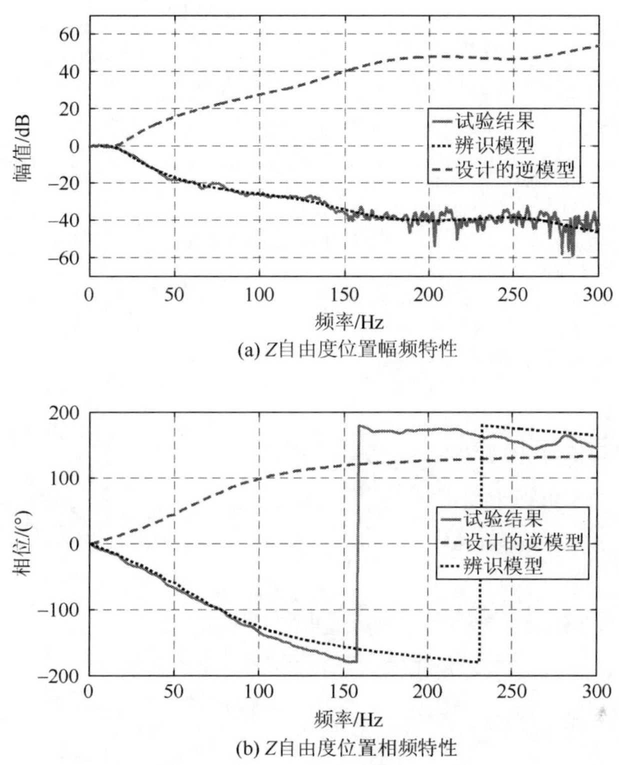

(a) Z自由度位置幅频特性

(b) Z自由度位置相频特性

图 7-18　振动台 Z 自由度位置闭环与辨识模型及其逆模型的对比

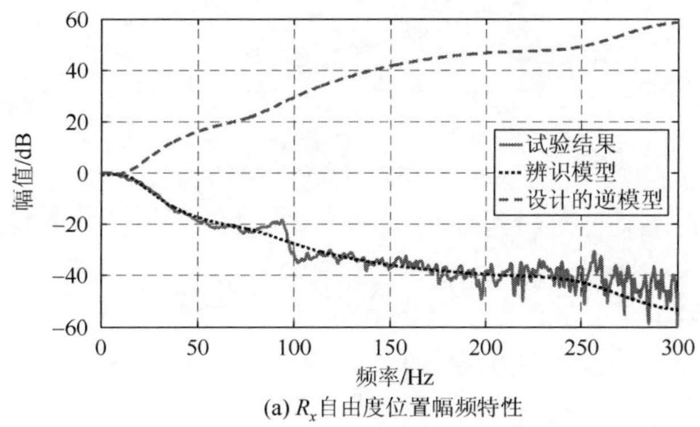

(a) R_x自由度位置幅频特性

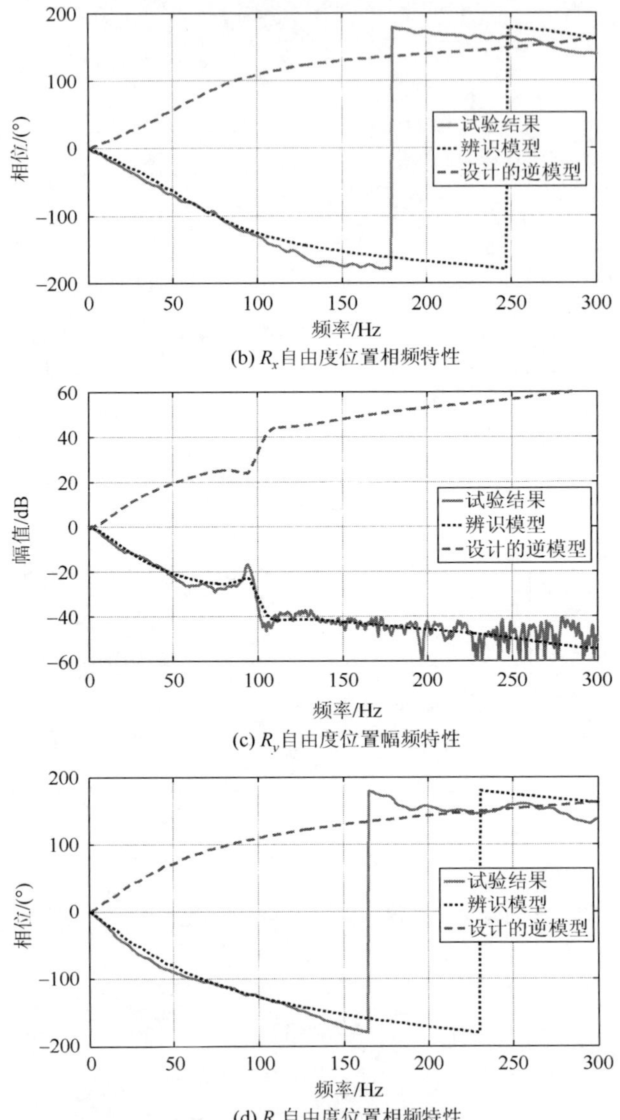

(b) R_x自由度位置相频特性

(c) R_y自由度位置幅频特性

(d) R_y自由度位置相频特性

图 7-19　振动台 R_x 和 R_y 自由度位置闭环与辨识模型及其逆模型的对比

本书采用零相差跟踪技术对非最小相位系统进行设计，所设计的位置逆传递函数为

$$\hat{G}_{dZ}(z)=\frac{A}{B} \tag{7-52}$$

式中

$$A=-0.0002472z^9+0.0002404z^8+0.002741z^7+0.0116z^6+0.01153z^5 \\ +0.00497z^4+0.00407z^3+0.003679z^2+0.001639z-0.0002991$$

$$B = z^9 - 1.2763z^8 + 0.3594z^7 - 0.152z^6 + 0.4253z^5 - 0.0657z^4 + 0.1897z^3 - 0.2593z^2 + 0.06523z + 0.09223$$

$$\hat{G}_{dRx}(z) = \frac{A}{B} \tag{7-53}$$

式中

$$A = -0.0004081z^9 + 0.00064794z^8 + 0.002848z^7 + 0.008859z^6 + 0.005371z^5 - 0.00221z^4 - 0.002442z^3 - 0.0005757z^2 + 0.001917z + 0.002627$$

$$B = z^9 - 1.6796z^8 + 0.62626z^7 - 0.224z^6 + 0.5102z^5 - 0.1836z^4 + 0.1848z^3 - 0.2765z^2 - 0.1027z + 0.1631$$

$$\hat{G}_{dRy}(z) = \frac{A}{B} \tag{7-54}$$

式中

$$A = -0.000234z^9 + 0.0005989z^8 + 0.001182z^7 + 0.005116z^6 + 0.00108z^5 + 0.0002255z^4 + 0.000867z^3 + 0.002633z^2 + 0.002007z + 0.001777$$

$$B = z^9 - 1.8228z^8 + 0.8587z^7 - 0.06683z^6 + 0.348z^5 - 0.2126z^4 - 0.05828z^3 - 0.1603z^2 + 0.03747z + 0.09455$$

$$\begin{aligned}\hat{G}_{dZ}^{-1}(z) = {} & \frac{z^2 - 1.861z + 0.8732}{z^2 + 1.07z + 0.5272}\frac{z^2 + 1.861z + 0.5855}{z^2 - 0.7001z + 0.5058}\frac{z^2 - 1.13z + 0.6406}{z^2} \\ & \cdot \frac{z^2 + 0.05775z + 0.6756}{z^2}\frac{z + 0.4169}{z + 0.9451}\frac{1}{z - 0.1345}(-5.202 + z^{-1})(-5.202 + z^{-1}) \\ & \cdot (6.826 + 3.05z^{-1} + z^{-2})\frac{3.375z^4 - 8.138z^3 + 7.737z^2 - 3.407z + 0.5929}{z^4 - 1.472z^3 + 0.812z^2 - 0.1991z + 0.01832}\end{aligned} \tag{7-55}$$

$$\begin{aligned}\hat{G}_{dRx}^{-1}(z) = {} & -4\frac{z^2 - 1.861z + 0.8716}{z^2 + 1.788z + 0.8704}\frac{z^2 - 1.538z + 0.7619}{z^2 - 1.405z + 0.6251}\frac{z^2 + 1.141z + 0.6463}{z^2 + 0.4307z + 0.6593} \\ & \cdot \frac{z^2 + 0.006727z + 0.6648}{z^2}\frac{z + 0.5719}{z}(-4.416 + z^{-1})(4.063 + 2.014z^{-1} + z^{-2}) \\ & \cdot \frac{3.375z^4 - 8.138z^3 + 7.737z^2 - 3.407z + 0.5929}{z^4 - 1.472z^3 + 0.812z^2 - 0.1991z + 0.01832}\end{aligned} \tag{7-56}$$

$$\begin{aligned}\hat{G}_{dRy}^{-1}(z) = {} & -5\frac{z^2 + 0.985z + 0.4666}{z^2 + 1.445z + 0.7099}\frac{z^2 - 1.611z + 0.9456}{z^2 - 1.504z + 0.9161}\frac{z^2 + 0.1102z + 0.52}{z^2 + 0.2937z + 0.5583} \\ & \cdot \frac{z - 0.9185}{z}\frac{z - 0.8917}{z}\frac{z + 0.5032}{z}(-4.684 + z^{-1})(4.465 + 1.891z^{-1} + z^{-2}) \\ & \cdot \frac{3.375z^4 - 8.138z^3 + 7.737z^2 - 3.407z + 0.5929}{z^4 - 1.472z^3 + 0.812z^2 - 0.1991z + 0.01832}\end{aligned} \tag{7-57}$$

图 7-20 和图 7-21 给出了三状态控制器、基于位置逆模型以及最终提出的位置逆

模型+改进的内模控制的频率特性对比结果。从图中的相频特性可以看到：振动台加速度闭环系统是一个非最小相位系统，而采用等效原则改善了相位滞后问题，R_x 和 R_y 自由度则消除了非最小相位系统。提出的基于位置逆模型在很大程度上改善了振动台的动态特性，而提出的位置逆模型+改进的内模控制在基于位置逆模型的基础上进一步对三个自由度的动态特性进行了改善。所提出的控制策略不仅减少了三状态前馈调试过程中带来的不便，而且改善了振动台的动态特性，提高了波形复现精度。

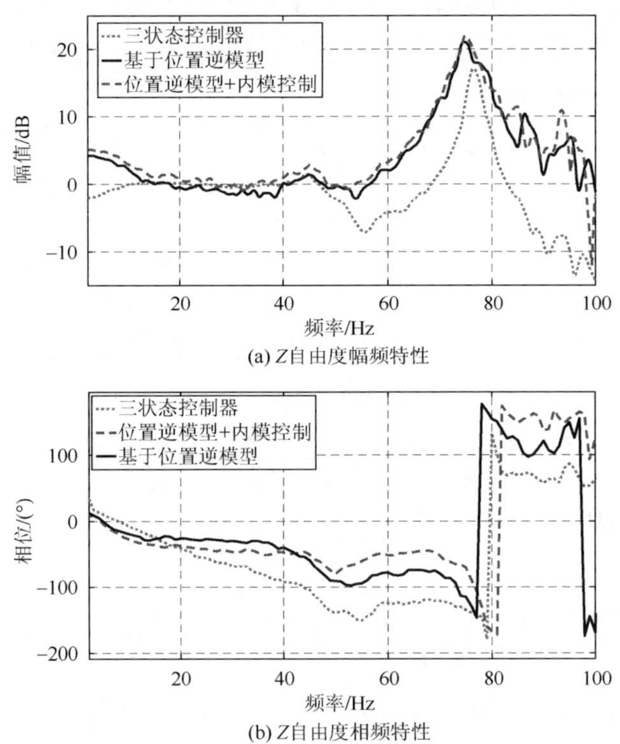

(a) Z自由度幅频特性

(b) Z自由度相频特性

图 7-20　振动台 Z 自由度加速度响应幅频特性

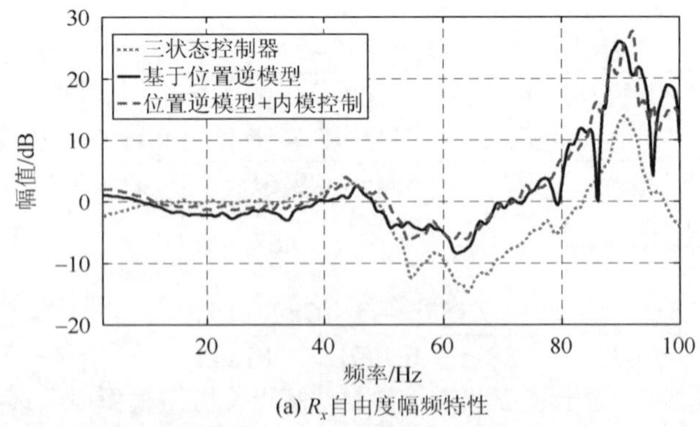

(a) R_x自由度幅频特性

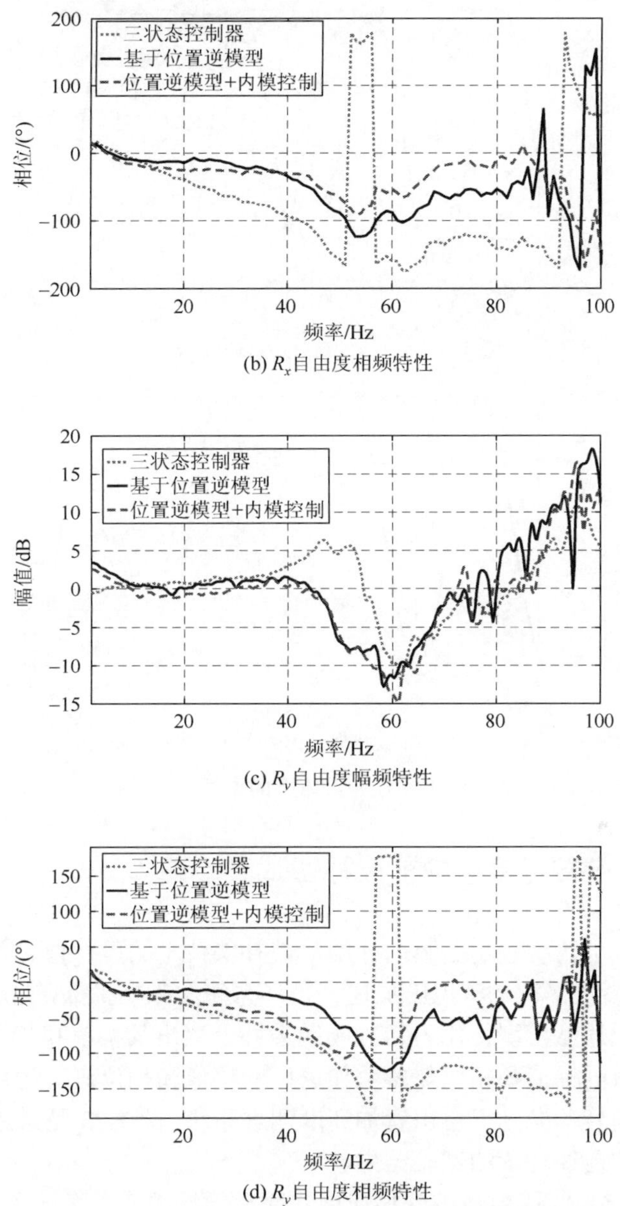

(b) R_x自由度相频特性

(c) R_y自由度幅频特性

(d) R_y自由度相频特性

图 7-21　振动台 R_x 和 R_y 自由度加速度响应幅频特性

为了更进一步验证所提的等效原则的可行性，图 7-22 给出了 Z 自由度的 40Hz 正弦波形复现结果。从图中可以看到，所提出的最终算法较三状态控制器提高了幅值精度，减小了系统的相位滞后，也减少了调试参数。试验结果验证了所提出的基于位置逆模型+内模控制复合控制策略的可行性。

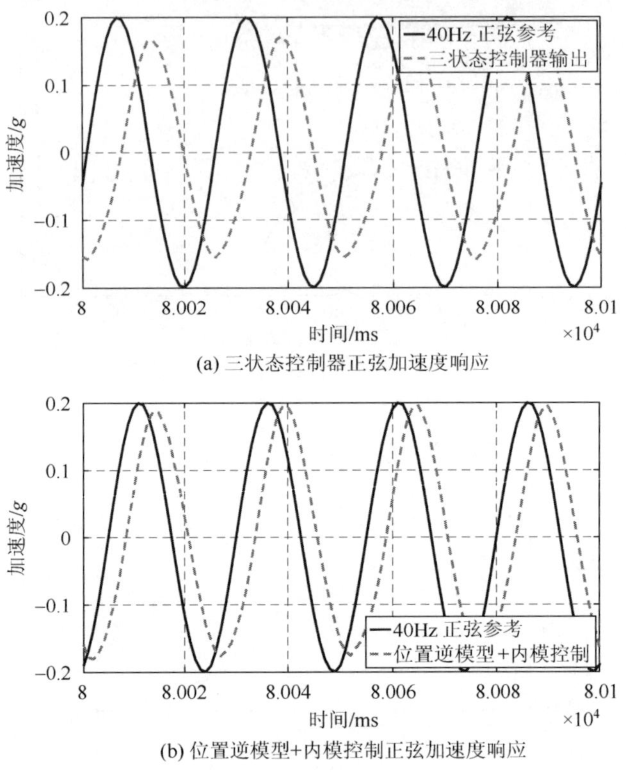

(a) 三状态控制器正弦加速度响应

(b) 位置逆模型+内模控制正弦加速度响应

图 7-22 不同控制策略下的振动台正弦响应

7.5.2 基于非参数逆模型的前馈补偿试验验证

为了验证基于传统频响函数估计的前馈补偿技术的可行性。首先采用 H1 估计法和 RLS 非参数估计法辨识出加速度闭环系统的频响函数，然后根据前馈补偿方案将辨识的加速度模型转化为逆频响函数并分离出其幅值和相位，将得到的加速度逆频响函数的幅值和相位与参考加速度的幅值和相位进行运算，最终经 IFFT 得到时域驱动信号并激励三自由度加速度闭环系统。图 7-23 是采用 2～60Hz 的加速度参考信号的前馈均衡的试验结果。

图 7-23 是 Z、R_x 和 R_y 自由度加速度均衡后的幅频特性对比图，其中虚线是采用基于 H1 估计法的试验结果，实线是采用基于 RLS 估计法的均衡结果。从图中可以看到，均衡后的幅频特性得到了很好改善，然而，采样基于 H1 估计法在每点频率的幅值变化较大，由均衡后的信号的波形失真较严重造成，而采用基于 RLS 估计法后，该问题得到了较好解决，并且幅频特性得到了进一步改善。由于采用了 FFT 和 IFFT 计算，需要进行缓存的读取而延时了 2.048s，所以在实际波形复现试验中，需要将参考信号延时 2.048s 才可以与加速度响应信号比较。这种基于

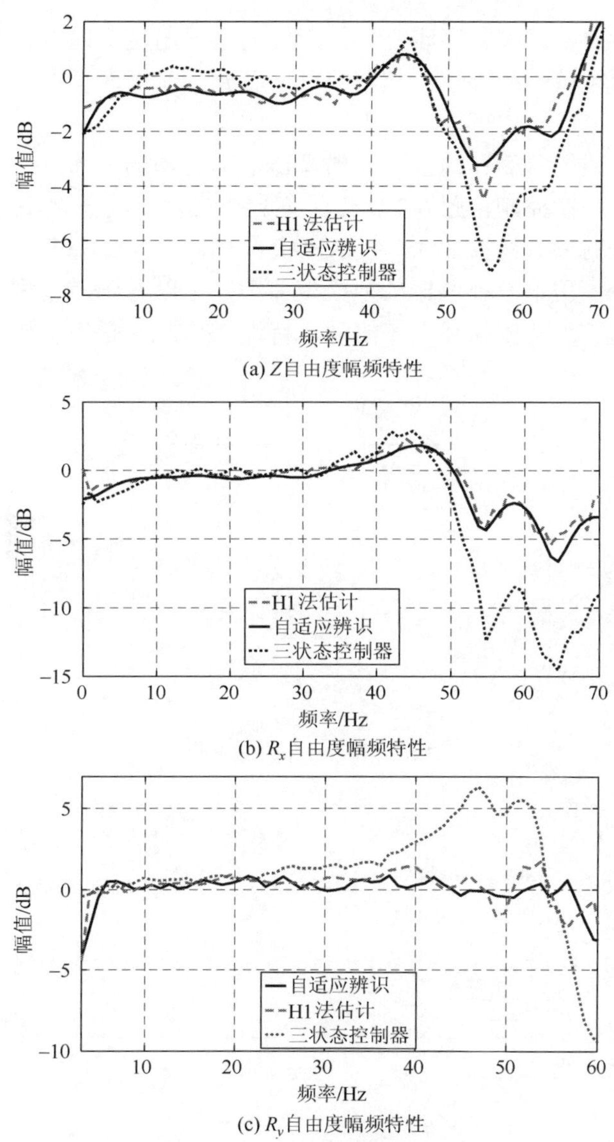

(a) Z自由度幅频特性

(b) R_x自由度幅频特性

(c) R_y自由度幅频特性

图 7-23　基于非参数均衡结果

非参数模型估计法在频响函数辨识方便，可以在一定程度上提高加速度闭环的动态特性，并且可以提高波形复现精度，但是采用 FFT 和 IFFT，造成了输出信号的延时以及波形失真较为严重的问题。

7.5.3　基于参数模型的前馈补偿试验结果

利用图 6-6 设计出的加速度闭环传递函数逆模型，对六自由度冗余驱动振动台进行前馈补偿控制试验验证研究，图 7-24 为六自由度加速度在三状态控制器和前馈逆模型下的频域响应特性。从图中可以看到，前馈逆模型对基于三状态控制器的加速度闭环进行了均衡，取得了较好的效果。

在三状态反馈控制器和前馈控制器调试成功的基础上，进一步考虑辨识的模型偏差的逆模型补偿控制，图 6-7 给出了六自由度辨识的模型偏差，图 7-25 给出了不同控制算法的频域特性曲线，包括三状态控制（TVC）、三状态结合逆模型和三状态结合基于模型偏差补偿器的逆模型前馈，可以看到逆模型和模型偏差补偿的控制方法提高了加速度闭环系统的动态特性。图 7-26 是三种控制算法的时域跟踪性能曲线图。

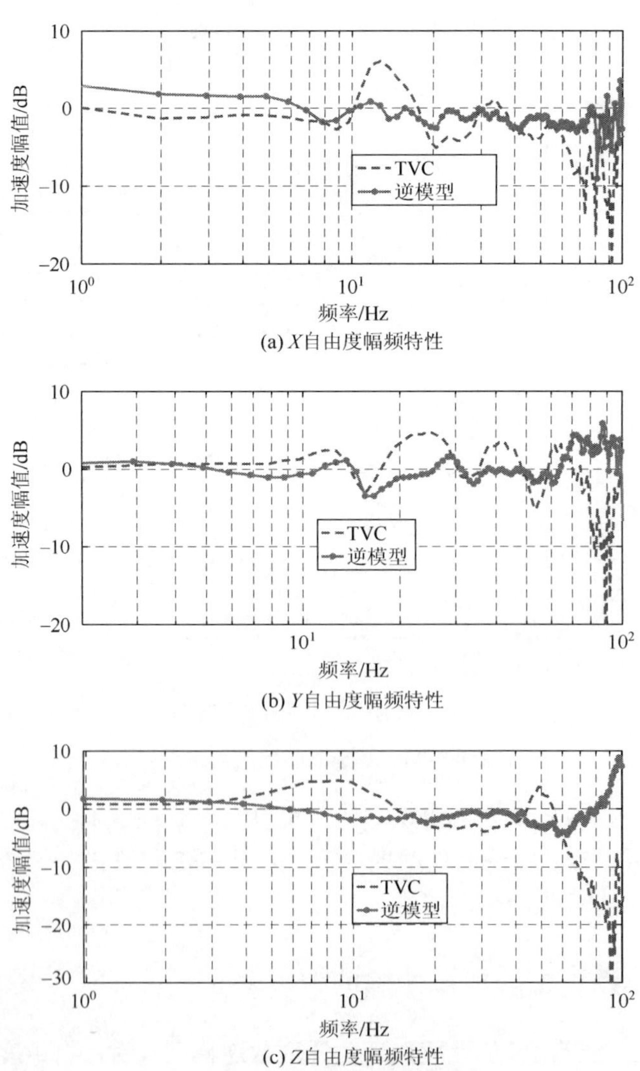

(a) X自由度幅频特性

(b) Y自由度幅频特性

(c) Z自由度幅频特性

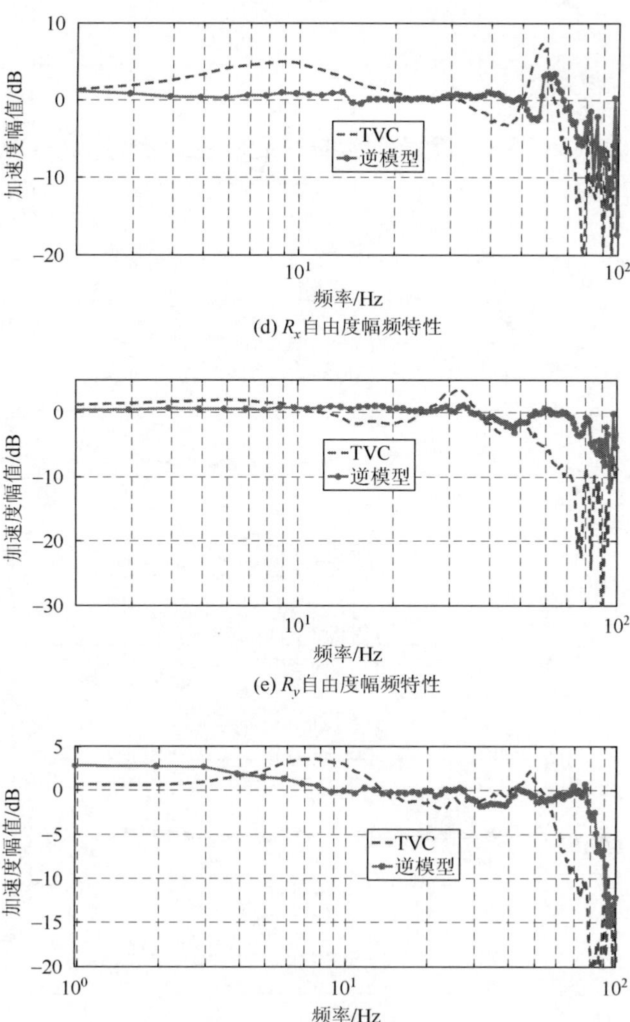

(d) R_x自由度幅频特性

(e) R_y自由度幅频特性

(f) R_z自由度幅频特性

图 7-24　前馈逆模型补偿试验结果

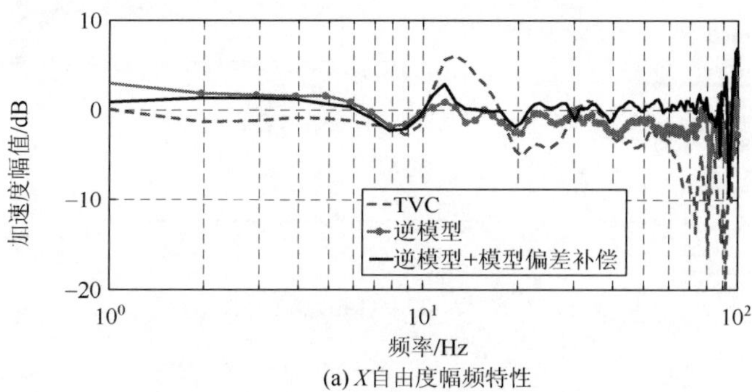

(a) X自由度幅频特性

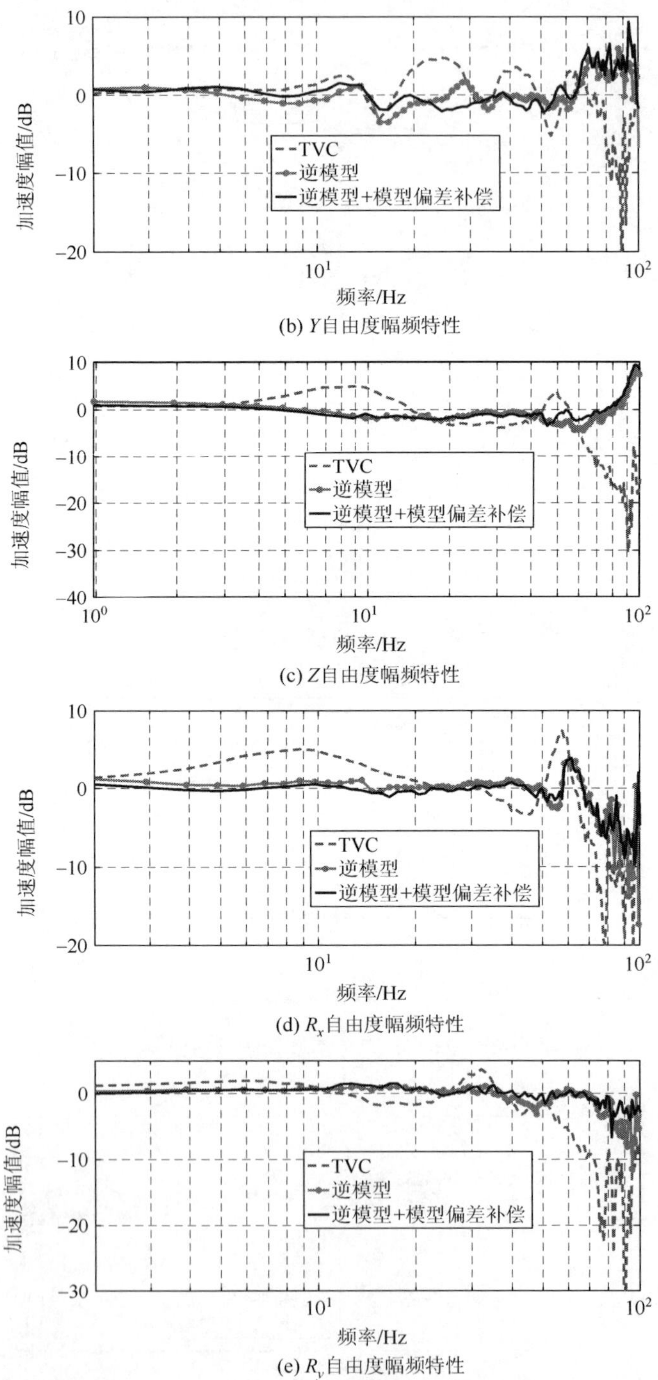

(b) Y自由度幅频特性

(c) Z自由度幅频特性

(d) R_x自由度幅频特性

(e) R_y自由度幅频特性

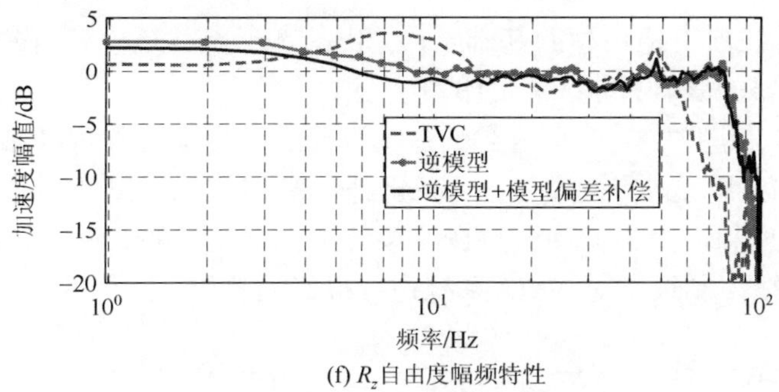

(f) R_z自由度幅频特性

图 7-25　不同控制算法的试验结果

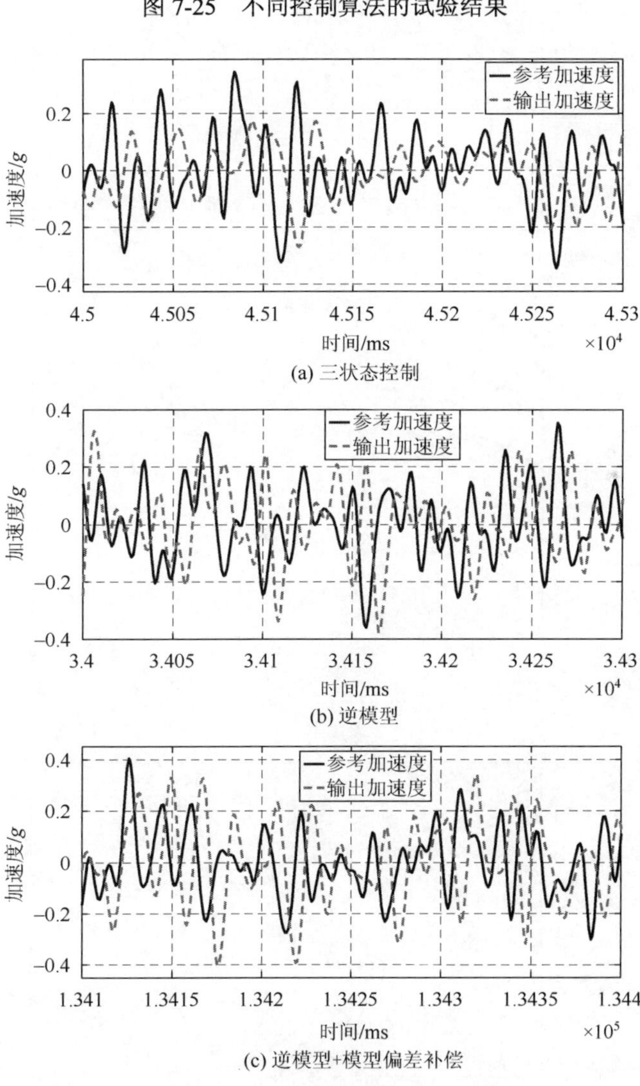

(a) 三状态控制

(b) 逆模型

(c) 逆模型+模型偏差补偿

图 7-26　不同控制算法时域跟踪特性的试验结果

图 7-27 是在前馈逆模型的基础上，提出的基于参数逆模型+内模控制+2 DOF 实时反馈控制器的复合控制策略的试验结果。

从图 7-25 和图 7-27 中可以得到：①设计的逆传递函数可以对基于三状态控制器的加速度闭环动态特性进行很好的改进，拓展了加速度闭环系统的频宽，但是效果不是很理想，因为振动台加速度系统是一个典型的非最小相位（NMP）系统，而采用前馈控制很难对 NMP 系统进行很好的补偿，因为 NMP 的逆模型是一

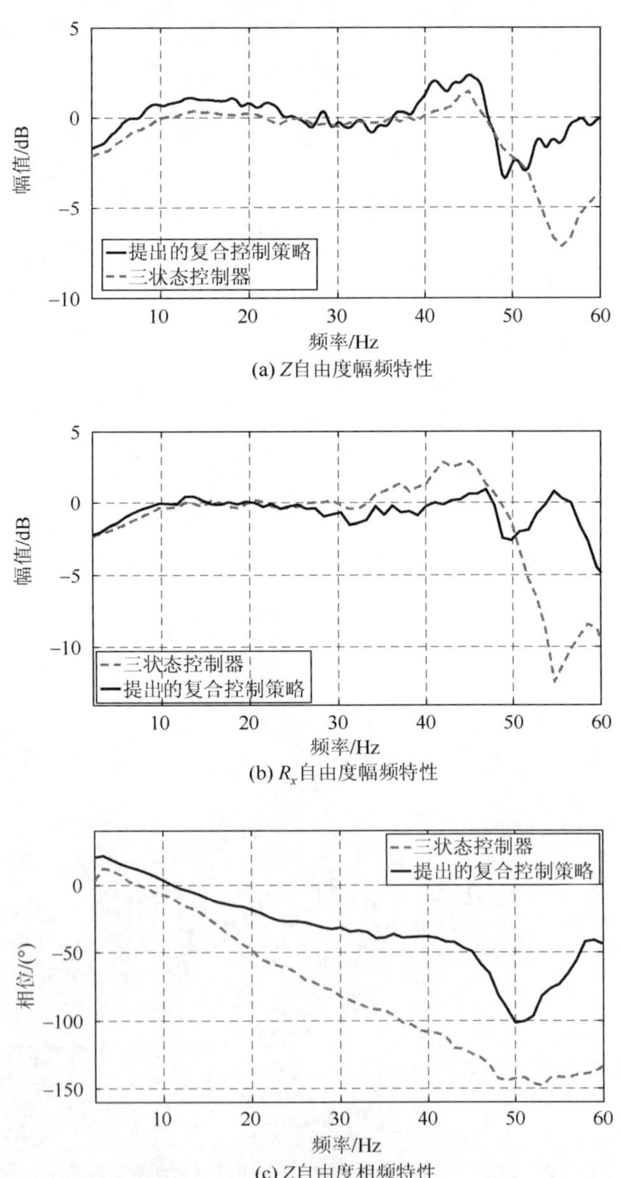

(a) Z自由度幅频特性

(b) R_x自由度幅频特性

(c) Z自由度相频特性

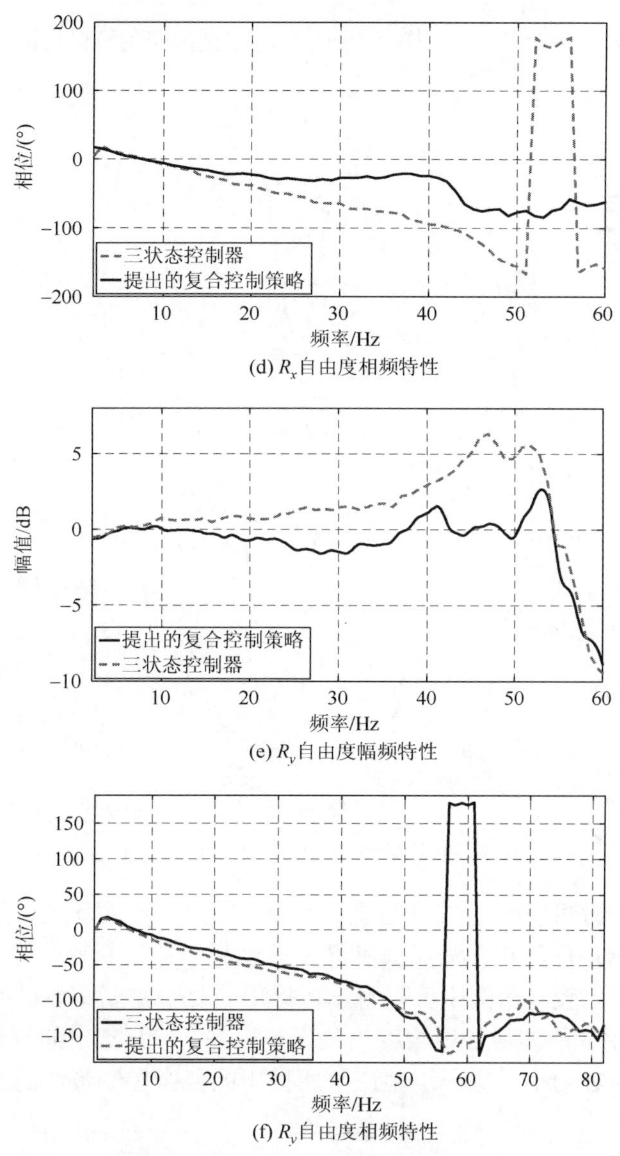

(d) R_x自由度相频特性

(e) R_y自由度幅频特性

(f) R_y自由度相频特性

图 7-27　参数模型均衡幅频特性试验结果

个不稳定的系统，而采用 RELS 辨识加速度模型时出现了较大的模型偏差，尤其 R_x 自由度的波形复现的波形较差；②采用设计的加速度逆传递函数+内模控制+实时反馈进一步改善了系统的特性，然而 R_y 自由度的波形复现精度不是很好，尤其相位几乎没有提高，与振动台的地基及估计模型偏差以及设计的加速度逆传递函数的偏差有很大关系。

为了进一步验证所提出的复合控制策略的有效性以及上述结论的正确性，给出了

40Hz 正弦时域波形复现结果，如图 7-28 所示，该复合控制策略提高了波形复现精度。

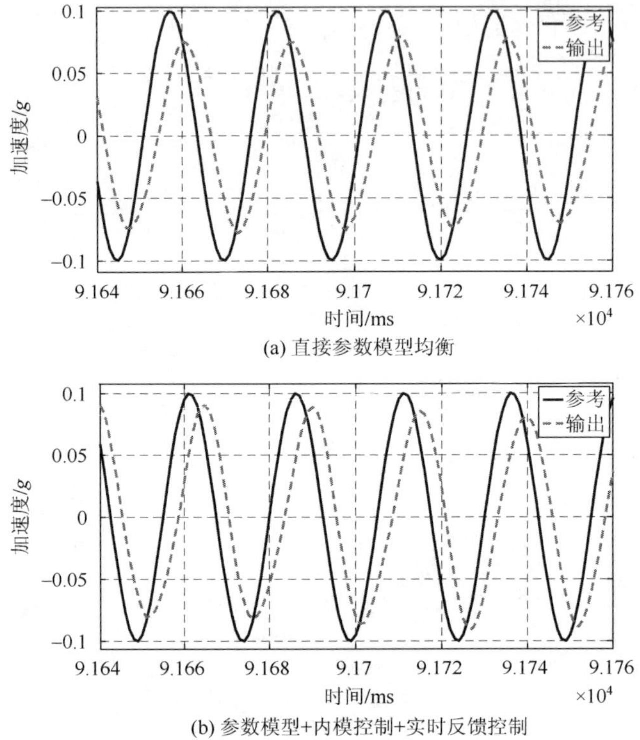

图 7-28　参数模型均衡时域波形复现试验结果

图 7-29 给出了采用三个自由度的三状态控制器、参数均衡以及提出的复合控制策略进行 2～60Hz 随机信号幅频特性试验结果，各控制策略的偏差与参考信号的幅频特性进行比较，从图中可以看出，提出的复合控制策略可以提高 5dB 的精度，然而 R_y 自由度的波形复现精度仍然不是很好，但是提出的复合控制策略的波形复现偏差较两者均小，进一步验证了所提出的复合控制策略的有效性。

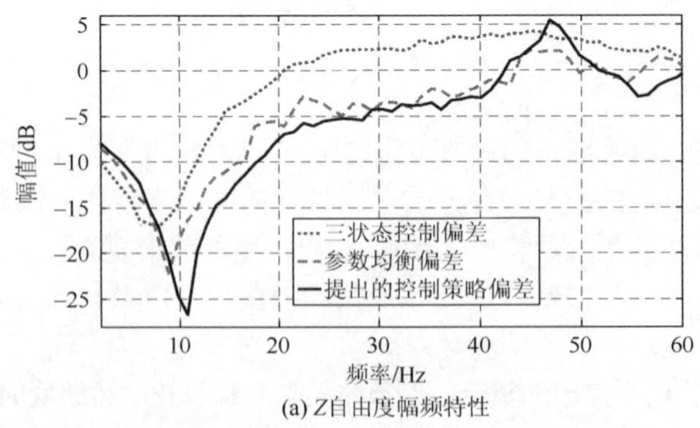

(a) Z自由度幅频特性

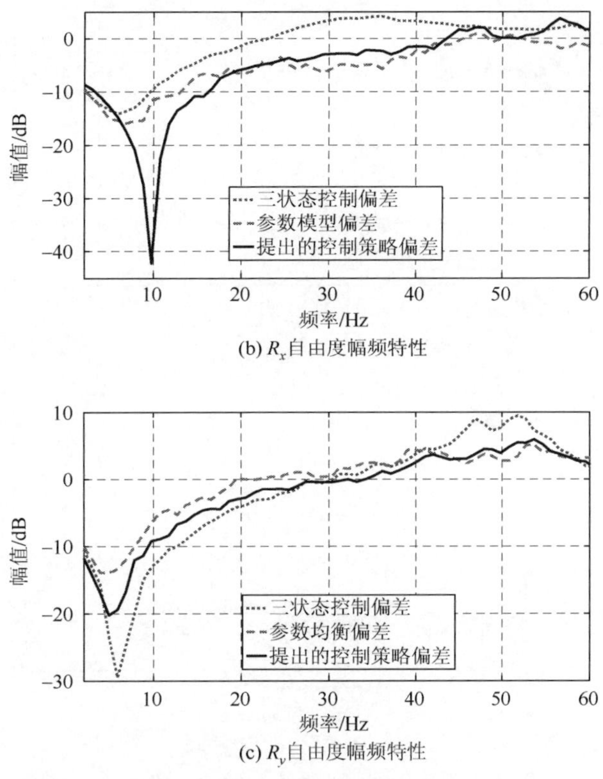

(b) R_x自由度幅频特性

(c) R_y自由度幅频特性

图 7-29　参数模型均衡随机波形复现试验结果

7.5.4　基于自适应逆建模的前馈补偿试验结果

本节将对自适应逆建模进行试验验证，根据前馈补偿方案。当自适应逆建模收敛到最优解后，将最优解的权值系数复制作为加速度闭环的前馈环节。图 7-30 是采用自适应逆建模进行均衡的试验结果。从图中的幅频特性可以看到，经过逆

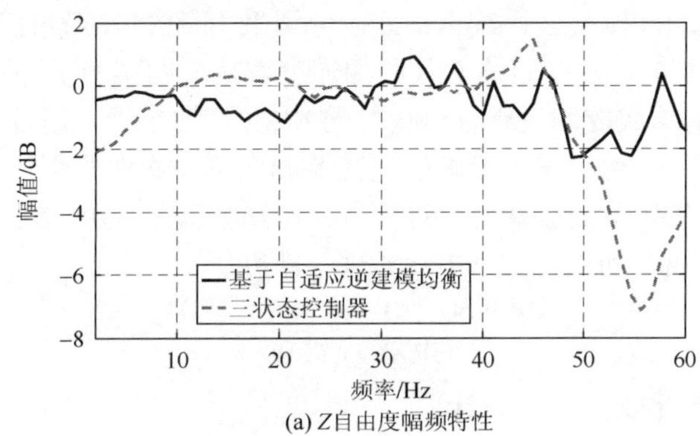

(a) Z自由度幅频特性

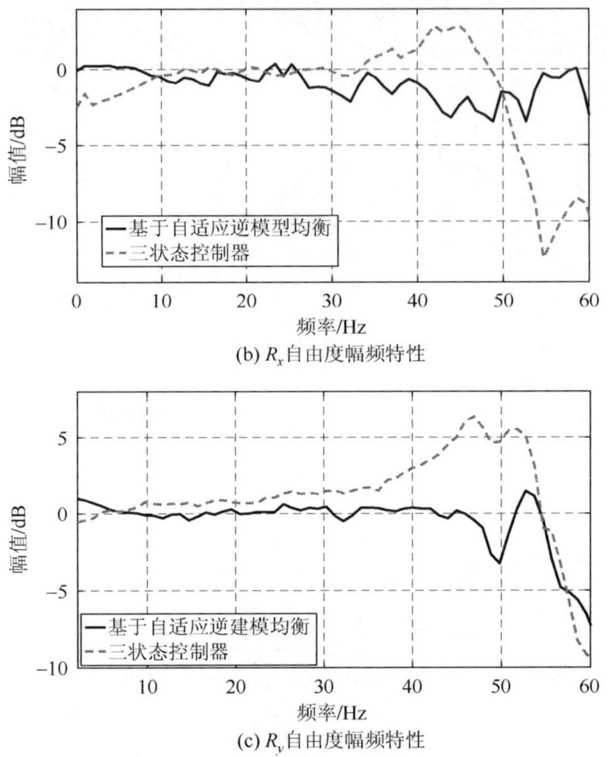

(b) R_x 自由度幅频特性

(c) R_y 自由度幅频特性

图 7-30　基于自适应逆建模均衡结果

建模补偿后系统的幅频特性得到了很大改进。试验结果表明，基于自适应逆建模的前馈补偿技术可以应用于振动台加速度波形复现。

7.5.5　离线迭代控制试验结果

为了验证离线迭代控制算法的可行性，本节对两种迭代控制策略：传统的迭代控制和提出的迭代控制进行试验验证，分别采用了 30Hz 加速度正弦信号进行迭代控制验证。不同算法在每次迭代的加速度偏差如图 7-31 所示，从图中可以看到:①采用提出的迭代控制在进行迭代时的 MSE 值均小于采用传统的迭代控制所获得的 MSE 值；②由于采用提出的迭代控制在第二次迭代中就获得了较高的精度，再进一步迭代效果反而变差。每次迭代的均方偏差（dB 表示）如图 7-32 所示。RMS 偏差（%）可采用式（7-58）进行计算

$$\mathrm{RMS}=\frac{\mathrm{RMS}(r_a(k))-\mathrm{RMS}(y_a(k))}{\mathrm{RMS}(r_a(k))}\times 100\% \tag{7-58}$$

由式（7-59）和式（7-60）计算

$$\mathrm{RMS}(r_a(k))=\sqrt{\frac{\sum_{i=1}^{M}r_a^2(k)}{M}} \tag{7-59}$$

$$\mathrm{RMS}(y_a(k))=\sqrt{\frac{\sum_{i=1}^{M}y_a^2(k)}{M}} \tag{7-60}$$

式中，$\mathrm{RMS}(r_a(k))$ 为输出信号 $r_a(k)$ 的 RMS 值；$\mathrm{RMS}(y_a(k))$ 为参考信号 $y_a(k)$ 的 RMS 值；M 为数据长度。

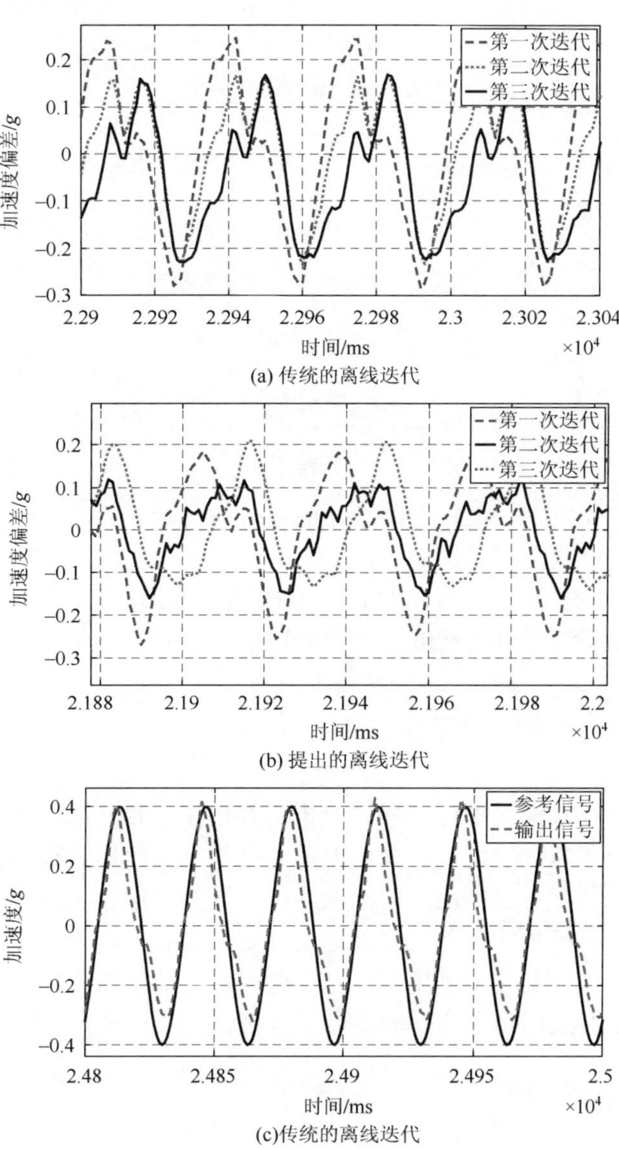

(a) 传统的离线迭代

(b) 提出的离线迭代

(c)传统的离线迭代

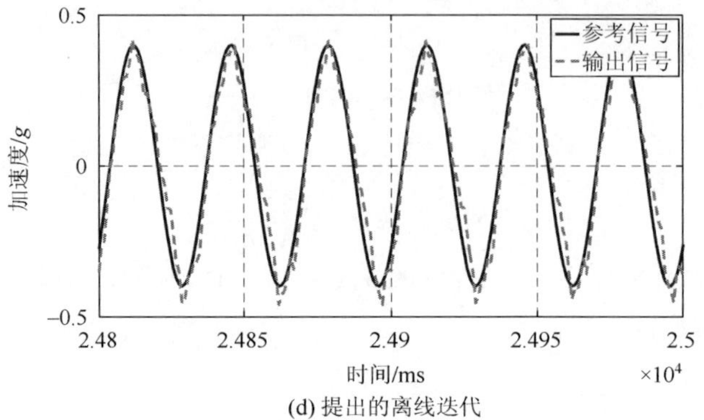

(d) 提出的离线迭代

图 7-31　离线迭代结果

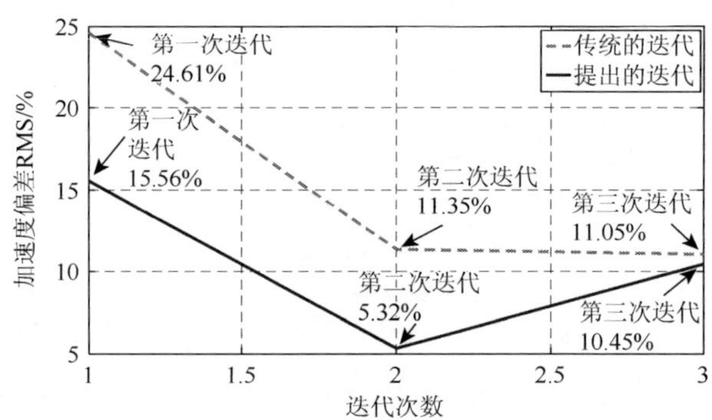

图 7-32　不同迭代的 RMS 值

从图 7-31 和图 7-32 中可以看到，所提出的离线迭代不仅提高了迭代的收敛速度，而且提高了波形复现精度，试验验证了提出的离线迭代的可行性。

7.6　本 章 小 结

本章对前馈补偿控制进行了理论分析，并根据各自算法的优缺点提出了改进算法，包括基于非参数模型、参数模型以及基于自适应逆建模的前馈补偿技术。针对前馈补偿控制存在的不足，对离线迭代控制策略进行了理论研究并提出改进方案。为了提高传统离线迭代的收敛速度，首先对振动台加速度闭环系统的动态特性进行均衡，在此基础上采用离线迭代的控制方法。对所提出的离线迭代控制进行理论研究，并采用仿真和试验进行了验证。

第 8 章　电液振动台在线自适应控制

在传统的频域迭代控制算法中，由于需要采用基于非参数模型的频响函数矩阵对系统进行均衡和驱动信号更新，所以振动台系统的频响函数的测量和辨识精度对于迭代收敛速度和波形复现精度具有很大影响，并且该迭代控制的收敛速度较慢，而改进的各种迭代控制策略虽然可以提高收敛速度，但是同样也存在很多问题：①由于系统的频响函数是离线辨识的，在进行试验时认为系统的频响函数是不变的，而在试验过程中实际系统可能存在时变；②离线迭代需要对系统进行多次激励并反复迭代，因此驱动信号在未达到期望信号之前，可能已经对被试件尤其是脆性试件造成了预破坏；③该迭代控制方法采用了大量的 FFT 和 IFFT，而时域波形复现是瞬态变化的，因此采用 H1 估计法不能实时估计系统的频响函数；④针对短时间的时域历程波形复现，离线迭代控制较为实用，而对于长时间的时域历程波形复现，该技术可能将无法进行离线迭代。

近年来，针对电液振动台的时域波形复现控制技术问题，国内外专家学者从传统的迭代控制转向了自适应控制的研究。这些自适应控制策略有它们各自的优势和劣势：一旦这些自适应算法收敛到最优解之后，就可以获得高精度的波形复现结果；然而，这些自适应控制存在初始条件下存在收敛速度较慢的问题。在振动台控制领域中存在一个典型的问题：当期望的参考信号的频率范围超出了系统的相频宽之后，这些自适应控制策略将表现出非常慢的收敛速度，甚至会出现发散的现象，给试验造成了不必要的经济损失。

为了解决自适应控制的收敛速度较慢问题，很多文献均对其进行了研究，如为了提高自适应逆控制的收敛速度，采用最多的方法是改进最小均方算法的迭代步长[119-124]。

本章主要研究自适应控制中一种最为优秀的算法——自适应逆控制，首先介绍自适应逆控制的基本原理，并重点介绍当前应用最为广泛的三种自适应逆算法——归一化 LMS 算法、X-滤波 NLMS 算法以及 ε-滤波 NLMS 算法。针对这些自适应算法收敛速度较慢问题，本书提出一种复合控制策略，所提出的复合控制策略结合了前馈补偿技术中的优势，又利用了变步长的自适应逆控制。为了研究所提出算法的性能，将对其收敛性和稳定性进行分析，并与自适应逆算法进行比较。最后，通过仿真验证提出的复合控制算法的有效性。

8.1 在线时域波形复现的自适应逆控制算法

自适应逆控制[125]（Adaptive Inverse Control，AIC）是由美国斯坦福大学著名教授 Widrow 于 1986 年首次命名提出的，当时在学术界引起了很大反响，为设计控制系统和调节器开辟了新途径[126]。它是利用自适应滤波方法辨识出被控对象的逆模型，然后串联到被控对象的输入端作为前馈控制器来补偿被控对象的动态特性，所以称为自适应逆控制。最小均方（LMS）算法是一种搜索算法，它通过对目标函数进行适当调整，简化了对梯度向量的估计。由于其计算的简单性，LMS 算法与其他与之相关的算法已经广泛应用于自适应滤波的各种领域。下面将对几种典型的算法进行介绍。

8.1.1 LMS 算法

在第 3 章中，利用线性组合器实现了自适应滤波，并导出了其参数的最优解

$$\boldsymbol{W}^{*}=\boldsymbol{R}^{-1}\boldsymbol{P} \tag{8-1}$$

式中，$\boldsymbol{P}$ 为输入信号与期望响应信号之间的互相关向量，定义为

$$\boldsymbol{P}=E[d(k)\boldsymbol{x}^{\mathrm{T}}(k)]=E\begin{bmatrix} d(k)x(k-1) \\ d(k)x(k-2) \\ \vdots \\ d(k)x(k-n) \end{bmatrix}$$

$\boldsymbol{R}$ 为输入信号的对称和正定输入相关矩阵，定义为

$$\boldsymbol{R}=E[\boldsymbol{x}(k)\boldsymbol{x}^{\mathrm{T}}(k)]=E\begin{bmatrix} x(k)x(k) & x(k)x(k-1) & \cdots \\ x(k-1)x(k) & x(k-1)x(k-1) & \cdots \\ \vdots & \vdots & x(k-n)x(k-n) \end{bmatrix}$$

LMS 算法的权系数迭代更新公式为

$$\boldsymbol{W}(k+1)=\boldsymbol{W}(k)+2\mu e_a(k)\boldsymbol{r}_a(k) \tag{8-2}$$

式中，μ 为收敛因子应该在一个范围内取值，以保证其收敛；$e_a(k)$ 为理想加速度与振动台输出加速度之间的偏差；$\boldsymbol{r}_a(k)$ 为参考加速度信号矢量。

式（8-2）就是 LMS 算法的迭代公式。LMS 算法实际上是在每次迭代中使用很粗略的梯度估计来代替精确梯度，即权系数的调整路径不可能准确地沿着理想的最速下降的路径，因而权系数的调整过程是有噪声的，或者说权向量 $\boldsymbol{W}(k)$ 不再是确定性函数而变成了随机变量，在迭代过程中存在随机波动。LMS 算法也称为随机梯度法或噪声梯度法。这种算法在调整权系数时不需要进行统计平均运算，因而计算量小，便于实现。

图 8-1 是 LMS 自适应算法的 FIR 滤波器结构。图 8-2 所示为振动台加速度闭环的自适应逆控制的方框图：自适应算法利用 $r_a(k)$ 和 $e_a(k)$ 来在线调节控制器 $\hat{C}(z)$，当自适应算法收敛到最优解后，$\hat{C}(z)$ 是被控对象 $G_a(z)$ 的逆传递函数，最后可使得对象的输出 $y_a(k)$ 与参考输入 $r_a(k)$ 之间的均方偏差达到最小。

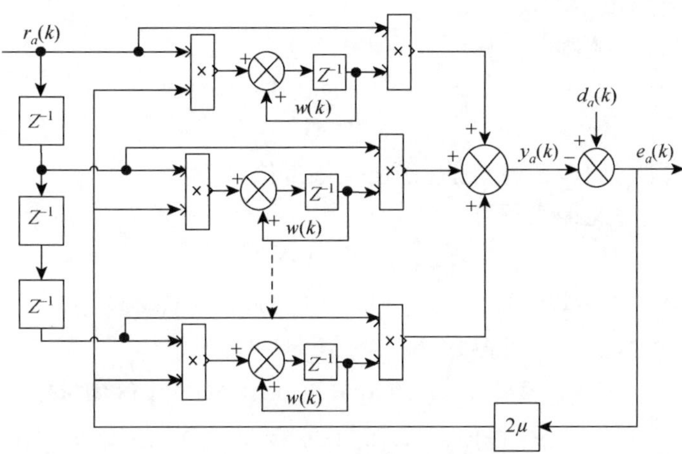

图 8-1　LMS 自适应 FIR 滤波器

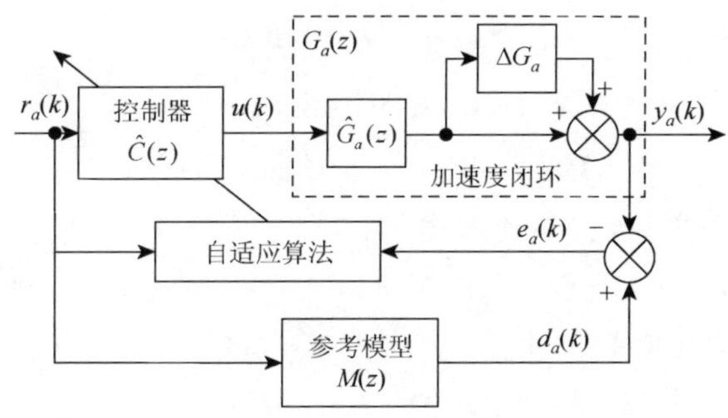

图 8-2　自适应逆控制

由图 8-2 可知，$G_a(z)$ 是振动台加速度闭环传递函数，$\hat{G}_a(z)$ 是估计的加速度闭环传递函数，ΔG_a 是被估计的模型与实际系统之间的模型偏差。系统加速度输出响应 $y_a(k)$ 可以表示为

$$y_a(k) = \hat{C}(z)\hat{G}_a(z)(1+\Delta G_a)r_a(k) \tag{8-3}$$

由此可以得到加速度跟踪偏差为

$$\begin{aligned} e_a(k) &= d_a(k) - y_a(k) \\ &= M(z)r_a(k) - \hat{C}(z)\hat{G}_a(z)(1+\Delta G_a)r_a(k) \end{aligned} \tag{8-4}$$

定义目标函数为

$$
\begin{aligned}
J &= E[e_a^2(k)] \\
&= E\{[M(z)\boldsymbol{r}_a(k) - \hat{C}(z)\hat{G}_a(z)(1+\Delta G_a)\boldsymbol{r}_a(k)]^2\} \\
&= E\{M^2(z) - 2M(z)\hat{C}(z)\hat{G}_a(z)(1+\Delta G_a) + [\hat{C}(z)\hat{G}_a(z)(1+\Delta G_a)]^2\}\boldsymbol{R}
\end{aligned} \tag{8-5}
$$

式中，$\boldsymbol{R} = E[\boldsymbol{r}_a(k)\boldsymbol{r}_a^{\mathrm{T}}(k)]$。

使目标函数对控制器的偏导数为零，得到

$$
\hat{C}(z) = \frac{M(z)}{\hat{G}_a(z)(1+\Delta G_a)} \tag{8-6}
$$

式（8-6）即为基于 LMS 算法的自适应逆控制的最优解。然而，一般自适应控制器不是理想的，因此最优解可记为

$$
\hat{C}(z) = C(z) + \Delta C \tag{8-7}
$$

将式（8-4）的偏差信号代入式（8-2）的 LMS 迭代算法中，并且将自适应控制器采用权值系数表示，可得

$$
\begin{aligned}
\boldsymbol{W}(k+1) &= \boldsymbol{W}(k) + 2\mu[M(z) - \boldsymbol{W}(k)\hat{G}_a(z)(1+\Delta G_a)]\boldsymbol{r}_a^{\mathrm{T}}(k)\boldsymbol{r}_a(k) \\
&= (\boldsymbol{I} - 2\mu\hat{G}_a(z)(1+\Delta G_a)\boldsymbol{r}_a^{\mathrm{T}}(k)\boldsymbol{r}_a(k))\boldsymbol{W}(k) + 2\mu M(z)\boldsymbol{r}_a^{\mathrm{T}}(k)\boldsymbol{r}_a(k)
\end{aligned} \tag{8-8}
$$

式中，$M(z)$ 一般取一个延时环节，即 $M(z) = z^{-d}$；d 为延时的采样数，一般为 LMS 滤波器长度的一半[127]。

将式（8-8）两边同时减去 $\hat{G}_a(z)(1+\Delta G_a)$ 并定义

$$
\boldsymbol{V}(k+1) = \boldsymbol{W}(k+1) - \hat{G}_a(z)(1+\Delta G_a) \tag{8-9}
$$

$$
\boldsymbol{V}(k) = \boldsymbol{W}(k) - \hat{G}_a(z)(1+\Delta G_a) \tag{8-10}
$$

将式（8-9）和式（8-10）代入式（8-8），式（8-8）可以简化为

$$
\boldsymbol{V}(k+1) = (\boldsymbol{I} - 2\mu\hat{G}_a(z)(1+\Delta G_a)\boldsymbol{r}_a^{\mathrm{T}}(k)\boldsymbol{r}_a(k))\boldsymbol{V}(k) \tag{8-11}
$$

对式（8-11）两边取数学期望，并根据 $\boldsymbol{R} = \boldsymbol{Q\Lambda Q}^{-1} = \boldsymbol{Q\Lambda Q}^{-\mathrm{T}}$ 可进一步化简得到

$$
\begin{aligned}
E[\boldsymbol{V}(k+1)] &= E[(\boldsymbol{I} - 2\mu\hat{G}_a(z)(1+\Delta G_a)\boldsymbol{r}_a^{\mathrm{T}}(k)\boldsymbol{r}_a(k)))\boldsymbol{V}(k)] \\
&= E[\boldsymbol{V}(k)] - 2\mu\hat{G}_a(z)(1+\Delta G_a)E[\boldsymbol{r}_a^{\mathrm{T}}(k)\boldsymbol{r}_a(k)]E[\boldsymbol{V}(k)] \\
&= (\boldsymbol{I} - 2\mu\hat{G}_a(z)(1+\Delta G_a)\boldsymbol{R})E[\boldsymbol{V}(k)] \\
&= \boldsymbol{Q}(\boldsymbol{I} - 2\mu\hat{G}_a(z)(1+\Delta G_a)\boldsymbol{\Lambda})\boldsymbol{Q}^{-1}E[\boldsymbol{V}(k)]
\end{aligned} \tag{8-12}
$$

根据文献[74]，将式（8-12）进行简化得到

$$
E[\boldsymbol{V}(k+1)] = \boldsymbol{Q}(\boldsymbol{I} - 2\mu\hat{G}_a(z)(1+\Delta G_a)\boldsymbol{\Lambda})^k\boldsymbol{Q}^{-1}E[\boldsymbol{V}'(0)] \tag{8-13}
$$

式中，$\boldsymbol{V}'(0)$ 为 $\boldsymbol{V}(k)$ 在旋转坐标系中的初始值。

当 k 趋于无穷时，$E[\boldsymbol{V}(k+1)]$ 将等于零，收敛条件为

$$
\left|\boldsymbol{I} - 2\mu\hat{G}_a(z)(1+\Delta G_a)\boldsymbol{\Lambda}\right| < 1 \tag{8-14}
$$

因此，自适应逆控制权系数的稳定性条件为

$$0<\mu<\frac{1}{\hat{G}_a(z)(1+\Delta G_a)\lambda_{\max}} \tag{8-15}$$

式中，$\lambda_{\max}$ 为 $\boldsymbol{R}$ 的最大特征值。

从式（8-15）中可以看到，自适应逆控制的权系数稳定条件与加速度闭环的动态特性有很大关系。如何提高 LMS 的最优解、稳定性条件以及算法的收敛速度将是自适应逆控制能否成功应用于电液振动台加速度闭环控制的关键。

式（8-6）和式（8-15）给出了基于 LMS 算法的自适应逆控制的最优解和稳定性条件。对于离散系统，一般假定时滞都是采样周期的整数倍，并且是已知的。这个假设条件使得设计者可以得到正实的误差传递函数[128]，这是自适应控制稳定性中至关重要的一个条件[129]。正实性意味着系统的相位对所有的频率都不能超过 90°。因此，自适应逆控制算法在电液振动台的实际应用中也存在一个主要的局限性[130]：参考信号的频率不能超过系统的相位频宽，即参考信号的最大频率不能超过系统相位在–90°所对应的频宽，否则会出现发散或不稳定现象。

文献[131]推导了 LMS 算法进行噪声抑制时算法的发散条件：参考信号的最大频带不能超过被控对象的相位频宽（–90°），并给出了不同相位处的收敛图，如图 8-3 所示。从图中可以看到，当 $\phi=0°$ 时，即被控对象的相位滞后为 0°，此时具有很快的收敛速度；随着 ϕ 的增加，即被控对象的相位滞后越来越大，收敛速度逐渐变慢；当 $\phi=90°$ 时，此时 LMS 算法将处于临界稳定状态；$\phi>90°$ 时，此时 LMS 算法会出现发散现象，因为此时 LMS 自适应算法将会搜索出一个错误的收敛方向，最终造成算法的发散。该文献进行了详细推导验证。根据文献[131]的结论，基于 LMS 算法的自适应逆控制（图 8-2）收敛的条件为

$$\angle\hat{G}_a(z)(1+\Delta G_a)<90° \tag{8-16}$$

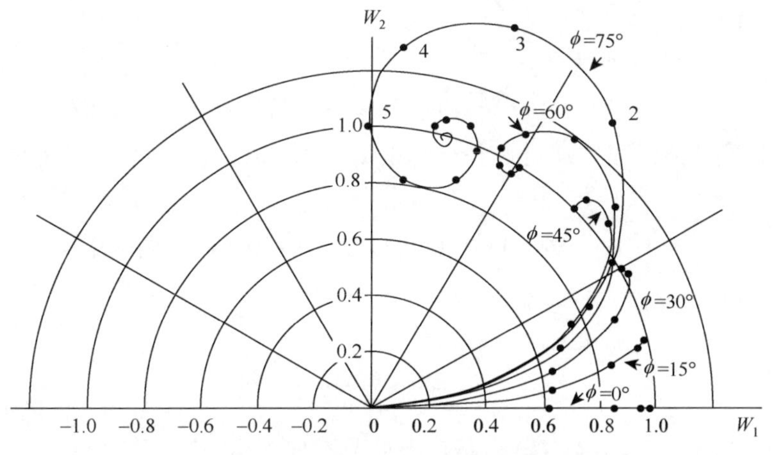

图 8-3　不同相位条件下的收敛曲线

从文献[131]以及式（8-16）可以得到：实际应用中自适应逆控制的收敛条件与被控对象的相位有很大关系，–90°所对应的相频宽将直接决定所能实现的参考信号带宽，一旦参考信号的带宽超出了–90°所对应的相频宽时，就会出现不稳定或发散现象。因此，基于LMS算法的自适应逆控制所能实现的参考信号的频率范围将取决于振动台的加速度动态特性，即由加速度闭环系统的相位频宽决定。

8.1.2 归一化最小均方算法

传统的LMS在进行自适应逆控制过程中，存在着收敛速度较慢的问题。如何提高LMS自适应逆控制的收敛速度是一个很重要的问题。根据式（8-2）可以看到，改进可变收敛因子是一种很好的选择。归一化最小均方（NLMS）算法的收敛速度通常比普通LMS算法更快，因为它使瞬态输出误差最小化时，采用了可变收敛因子。为了提高收敛速度，LMS算法的更新方程可以采用一个变化的收敛因子μ_k表示，即

$$\boldsymbol{W}(k+1)=\boldsymbol{W}(k)+2\mu_k e_a(k)\boldsymbol{r}_a(k)=\boldsymbol{W}(k)+\Delta\boldsymbol{W}(k) \tag{8-17}$$

式中，μ_k的选取必须实现更快的收敛目标。一种可能的策略是尽可能减少瞬时平方误差。

瞬时平方误差由式（8-18）给出[132]

$$e_a^2(k)=d_a^2(k)-2d_a(k)\boldsymbol{W}^{\mathrm{T}}(k)\boldsymbol{r}_a(k)+\boldsymbol{W}^{\mathrm{T}}(k)\boldsymbol{r}_a(k)\boldsymbol{r}_a^{\mathrm{T}}(k)\boldsymbol{W}(k) \tag{8-18}$$

将$\tilde{\boldsymbol{W}}(k)=\boldsymbol{W}(k)+\Delta\boldsymbol{W}(k)$代入式（8-18），并进行化简可得到对应的平方误差

$$\begin{aligned}\tilde{e}_a^2(k)=&e_a^2(k)+2\Delta\boldsymbol{W}^{\mathrm{T}}(k)\boldsymbol{r}_a(k)\boldsymbol{r}_a^{\mathrm{T}}(k)\boldsymbol{W}(k)+\Delta\boldsymbol{W}^{\mathrm{T}}(k)\boldsymbol{r}_a(k)\boldsymbol{r}_a^{\mathrm{T}}(k)\Delta\boldsymbol{W}(k)\\&-2d_a(k)\Delta\boldsymbol{W}^{\mathrm{T}}(k)\boldsymbol{r}_a(k)\end{aligned} \tag{8-19}$$

根据式（8-19），可以得到

$$\begin{aligned}\Delta e_a^2(k)&=\tilde{e}_a^2(k)-e_a^2(k)\\&=-2\Delta\boldsymbol{W}^{\mathrm{T}}(k)\boldsymbol{r}_a(k)e_a(k)+\Delta\boldsymbol{W}^{\mathrm{T}}(k)\boldsymbol{r}_a(k)\boldsymbol{r}_a^{\mathrm{T}}(k)\Delta\boldsymbol{W}(k)\end{aligned} \tag{8-20}$$

为了提高收敛速度，通过选择合适的μ_k，使$\Delta e_a^2(k)$为负值且达到最小化。将$\Delta\boldsymbol{W}(k)=2\mu_k e_a(k)\boldsymbol{r}_a(k)$代入式（8-20），得到

$$\Delta e_a^2(k)=-4\mu_k e_a(k)\boldsymbol{r}_a^{\mathrm{T}}(k)\boldsymbol{r}_a(k)+4\mu_k^2 e_a^2(k)[\boldsymbol{r}_a^{\mathrm{T}}(k)\boldsymbol{r}_a(k)]^2 \tag{8-21}$$

使$\dfrac{\partial\Delta e_a^2(k)}{\partial\mu_k}=0$，可得

$$\mu_k=\frac{1}{2\boldsymbol{r}_a^{\mathrm{T}}(k)\boldsymbol{r}_a(k)} \tag{8-22}$$

μ_k取式（8-22）可以使$\Delta e_a^2(k)$为负值，并且对应$\Delta e_a^2(k)$的极小值点。

采用这种可变的收敛因子，LMS 算法的更新方程变为

$$\boldsymbol{W}(k+1)=\boldsymbol{W}(k)+\frac{e_a(k)\boldsymbol{r}_a(k)}{\boldsymbol{r}_a^{\mathrm{T}}(k)\boldsymbol{r}_a(k)} \tag{8-23}$$

对于式（8-23）的归一化 LMS 算法，为了避免在 $\boldsymbol{r}_a^{\mathrm{T}}(k)\boldsymbol{r}_a(k)$ 很小处出现很大的步长，还应包括一个参数 γ 。式（8-23）的 NLMS 更新方程变为

$$\boldsymbol{W}(k+1)=\boldsymbol{W}(k)+\frac{\mu}{\gamma+\boldsymbol{r}_a^{\mathrm{T}}(k)\boldsymbol{r}_a(k)}e_a(k)\boldsymbol{r}_a(k) \tag{8-24}$$

滤波器的步长设计应遵循以下规则：自适应初始阶段，步长的选取值应大一些以保证获得较快的收敛速度，在自适应即将收敛到最优解时，步长应逐渐变小，以获得较小的稳态均方偏差。步长的选择在保证算法收敛的同时，应与误差的变化一致。文献[128]提出了一种较好的变步长方法。

$$\boldsymbol{W}(k+1)=\boldsymbol{W}(k)+\rho e_a(k)\boldsymbol{r}_a(k) \tag{8-25}$$

$$\rho=\frac{\mu}{\dfrac{\beta}{\lambda+\sum\limits_{i=k-l+1}^{k}e_a{}^2(k)}+(1-\beta)\left\|\boldsymbol{r}_a(k)\right\|^2} \tag{8-26}$$

根据式（8-14）和式（8-15），基于 NLMS 算法的自适应逆控制权系数的稳定性条件为

$$\left|\boldsymbol{I}-\rho\hat{G}_a(z)(1+\Delta G_a)\boldsymbol{\Lambda}\right|<1 \tag{8-27}$$

$$0<\mu<\frac{\dfrac{\beta}{\lambda+\sum\limits_{i=k-l+1}^{k}e_a^2(k)}+(1-\beta)\left\|\boldsymbol{r}_a(k)\right\|^2}{\hat{G}_a(z)(1+\Delta G_a)\lambda_{\max}}<\frac{\dfrac{\beta}{\lambda}+(1-\beta)\mathrm{tr}[\boldsymbol{R}]}{\hat{G}_a(z)(1+\Delta G_a)\lambda_{\max}} \tag{8-28}$$

式中， $\mathrm{tr}[\boldsymbol{R}]$ 为相关矩阵 $\boldsymbol{R}$ 的迹。

从式（8-28）中可以看出，改进的 NLMS 算法的步长收敛范围由两部分构成，可由 λ 和 β 调节。为了保证 NLMS 算法的收敛，固定步长 μ 的取值范围应满足式（8-27）。收敛速度与参数 λ 和 β 的大小有关，并且一个主要因素就是振动台加速度动态特性 $\hat{G}_a(z)(1+\Delta G_a)$ 将在很大程度上影响该算法的收敛速度。

根据 LMS 的最优解公式（8-6）可以看到，NLMS 算法并没有改进最优解，该算法依然受到加速度闭环系统的动态特性的影响较大。从被控对象中可以看到，该算法并没有改善 LMS 算法的收敛条件，即

$$\angle\hat{G}_a(z)(1+\Delta G_a)<90^{\circ} \tag{8-29}$$

8.1.3 X-滤波 NLMS 算法

针对 NLMS 算法容易受到对象输出端噪声的影响，提出了如图 8-4 的自适应

逆控制策略，这个算法称为 X-滤波 NLMS 算法。提供给自适应算法的驱动信号是经过系统模型过滤后的信号。

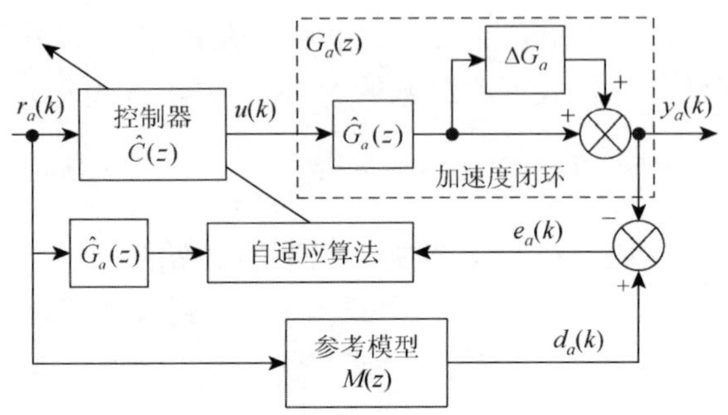

图 8-4　基于 X-滤波 NLMS 算法的自适应逆控制

根据图 8-4，滤波器权系数更新方程变为

$$\boldsymbol{W}(k+1)=\boldsymbol{W}(k)+\rho e_a(k)[\hat{G}_a(z)\boldsymbol{r}_a(k)] \tag{8-30}$$

对于一个 Wiener 滤波器，误差和输入信号之间的互相关函数是零，当自适应算法自适应地调节控制器 $\hat{C}(z)$ 时，LMS 算法所用的瞬时梯度正比于误差 $e_a(k)$ 和输入信号向量 $\hat{G}_a(z)\boldsymbol{r}_a(k)$ 的乘积。随着 LMS 迭代过程的重复，这个乘积 $e_a(k)[\hat{G}_a(z)\boldsymbol{r}_a(k)]$ 将变的越来越小，最终这个乘积的期望值将趋于零。于是有

$$\begin{aligned}E[e_a(k)\hat{G}_a(z)\boldsymbol{r}_a(k)]&=E\{\hat{G}_a(z)\boldsymbol{r}_a(k)[d_a(k)-y_a(k)]\}\\&=E\{\hat{G}_a(z)\boldsymbol{r}_a(k)[d_a(k)-\hat{C}_{\text{opt}}(z)\hat{G}_a(z)(1+\Delta G_a)r_a(k)]\}\\&=0\end{aligned} \tag{8-31}$$

式中，$\hat{C}_{\text{opt}}(z)$ 为最优解。

由式（8-31）可以得到控制器的最优解为

$$\hat{C}_{\text{opt}}(z)=\frac{M(z)}{\hat{G}_a(z)(1+\Delta G_a)} \tag{8-32}$$

对比式（8-6）和式（8-32），可以看出 X-滤波 NLMS 算法的最优解与传统 LMS 算法最优解是一样的。

利用式（8-27）和式（8-28），可以得到基于 X-滤波 NLMS 算法的自适应逆控制的权系数稳定性条件为

$$\left|\boldsymbol{I}-\rho\hat{G}_a(z)(1+\Delta G_a)\hat{G}_a(z)\boldsymbol{\Lambda}\right|<1 \tag{8-33}$$

$$0<\mu<\frac{\dfrac{\beta}{\lambda+\sum\limits_{i=k-l+1}^{k}e_a^2(k)}+(1-\beta)\|\boldsymbol{r}_a(k)\|^2}{\hat{G}_a(z)(1+\Delta G_a)\hat{G}_a(z)\lambda_{\max}}<\frac{\dfrac{\beta}{\lambda}+(1-\beta)\text{tr}[\boldsymbol{R}]}{\hat{G}_a(z)(1+\Delta G_a)\hat{G}_a(z)\lambda_{\max}} \tag{8-34}$$

根据式（8-34）可以看到，X-滤波 NLMS 算法改进了系统的稳定性条件。原因是输入 NLMS 算法的驱动信号被滤波了。

针对 X-滤波 NLMS 算法，文献[131]提出了收敛条件

$$\angle\hat{G}_a(z)(1+\Delta G_a)-\angle\hat{G}_a(z)<90° \tag{8-35}$$

从式（8-35）中，可以看到 X-滤波 NLMS 算法将相位条件提高了很多，因为有 $\angle\hat{G}_a(z)(1+\Delta G_a)-\angle\hat{G}_a(z)<\angle\hat{G}_a(z)(1+\Delta G_a)$ 成立。这也是 X-滤波 NLMS 算法作为自适应逆控制经典算法的一个主要原因。一旦被控对象的模型能够被精确地辨识出来，尤其辨识出的模型的相位与被控对象的相位一致，那么此时两者之间的相位差为零，理论上可以实现任何带宽的参考信号进行自适应控制。

8.1.4　ε-滤波 NLMS 算法

ε-滤波 NLMS 算法是获得 $\hat{C}_{\text{opt}}(z)$ 的另一种经典算法[133]。将总的系统误差经滤波后进行自适应调节控制器。图 8-5 是基于 ε-滤波 NLMS 算法的自适应逆控制策略在振动台加速度闭环系统中的方框图。

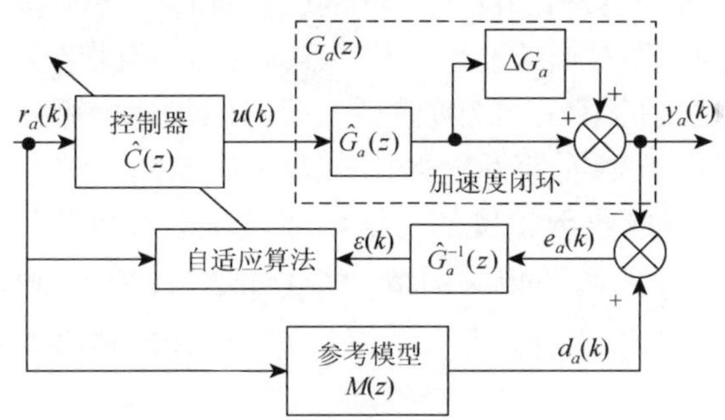

图 8-5　基于 ε-滤波 NLMS 算法的自适应逆控制

根据图 8-5，滤波器权系数更新方程变为

$$\boldsymbol{W}(k+1)=\boldsymbol{W}(k)+\rho[\hat{G}_a^{-1}(z)e_a(k)]\boldsymbol{r}_a(k) \tag{8-36}$$

根据式（8-32）及图 8-5，基于 ε-滤波 NLMS 算法的最优解

$$\hat{C}_{\text{opt}}(z)=\frac{M(z)}{\hat{G}_a(z)(1+\Delta G_a)} \tag{8-37}$$

从式（8-37）可以看到，基于 ε-滤波 NLMS 算法的自适应逆控制的最优解未变化。

利用式（8-27）和式（8-28），可以得到基于ε-滤波 NLMS 算法的自适应逆控制权系数的稳定性条件为

$$\left|\boldsymbol{I}-\rho(1+\Delta G_a)\boldsymbol{\Lambda}\right|<1 \tag{8-38}$$

$$0<\mu<\frac{\dfrac{\beta}{\lambda+\sum\limits_{i=k-l+1}^{k}e_a^{\ 2}(k)}+(1-\beta)\left\|\boldsymbol{r}_a(k)\right\|^2}{(1+\Delta G_a)\lambda_{\max}}<\frac{\dfrac{\beta}{\lambda}+(1-\beta)\mathrm{tr}[\boldsymbol{R}]}{(1+\Delta G_a)\lambda_{\max}} \tag{8-39}$$

根据式（8-39）可以看到，ε-滤波 NLMS 算法改进了系统的稳定性条件。原因是该算法消除了振动台加速度闭环系统的动态特性，此时系统的整体性能将会得到很大改善。基于ε-滤波 NLMS 算法自适应逆控制的收敛条件为

$$\angle(1+\Delta G_a)<90^\circ \tag{8-40}$$

所以，这种控制算法也提高了收敛速度，所能进行参考信号的带宽的大小与模型偏差有很大关系。在$\Delta G_a=0$的理想情况下，可以进行整个频带内的信号的自适应逆控制，然后实际中是不可能的，因为$\Delta G_a\neq 0$。

8.2　基于改进自适应逆控制的在线时域波形复现

为了提高基于 NLMS 自适应逆控制的收敛速度，本书提出了一种复合控制算法，该算法首先从系统本身进行补偿，然后在此基础之上，再采用自适应逆控制。图 8-6 为所提出的算法，经逆模型补偿后的加速度系统将变为一个近似的线性系统，然后对该近似线性系统采用自适应逆控制。该方案抛弃了传统的思想从 NLMS 自身来寻求收敛速度的方法，而是从改善系统的动态特性入手。图中$G_a(z)$是振动台加速度闭环传递函数，$\hat{G}_a(z)$是估计的加速度闭环传递函数，$\hat{G}_a^{-1}(z)$是设计出的加速度逆传递函数，ΔG_a是被估计的模型与实际系统之间的模型偏差。

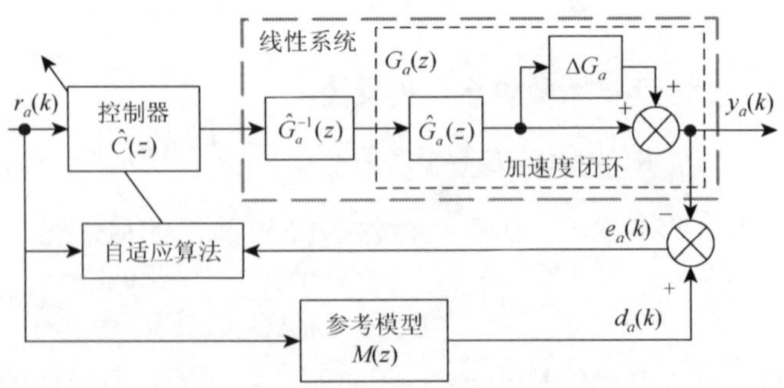

图 8-6　提出的改进自适应逆控制

根据图 8-6，有以下两式成立

$$\hat{G}_a(z)\hat{G}_a^{-1}(z)=1 \tag{8-41}$$

$$G_a(z)=\hat{G}_a(z)(1+\Delta G_a) \tag{8-42}$$

系统加速度输出响应 $y_a(k)$ 可以表示为

$$y_a(k)=\hat{C}(z)\hat{G}_a^{-1}(z)\hat{G}_a(z)(1+\Delta G_a)r_a(k)=\hat{C}(z)(1+\Delta G_a)r_a(k) \tag{8-43}$$

由此可以得到加速度跟踪偏差

$$e_a(k)=d_a(k)-y_a(k)=M(z)r_a(k)-\hat{C}(z)(1+\Delta G_a)r_a(k) \tag{8-44}$$

根据式（8-6），可以得到该算法的最优解

$$\hat{C}_{\text{opt}}(z)=\frac{M(z)}{1+\Delta G_a} \tag{8-45}$$

对比以上各算法包括 LMS、NLMS、X-滤波 NLMS 以及 ε-滤波 NLMS 算法可以看出，提出的算法所获得的最优解消除了加速度动态特性的影响，即较传统自适应逆控制算法，所提出的方案可以获得较好的跟踪精度。

利用式（8-14）和式（8-15）以及式（8-25）和式（8-26），可以得到基于所提出的自适应逆控制权系数的稳定性条件为

$$\left|\boldsymbol{I}-\rho(1+\Delta G_a)\boldsymbol{\Lambda}\right|<1 \tag{8-46}$$

$$0<\mu<\frac{\dfrac{\beta}{\lambda+\sum\limits_{i=k-l+1}^{k}e_a{}^2(k)}+(1-\beta)\left\|\boldsymbol{r}_a(k)\right\|^2}{(1+\Delta G_a)\lambda_{\max}}<\frac{\dfrac{\beta}{\lambda}+(1-\beta)\text{tr}[\boldsymbol{R}]}{(1+\Delta G_a)\lambda_{\max}} \tag{8-47}$$

根据式（8-47）可以看到，所提的自适应逆控制方案也消除了振动台加速度闭环系统的动态特性，改进了系统的稳定性条件。此时系统的整体性能将会得到很大的改善。所以，提出的算法对自适应逆控制的最优解以及稳定性条件都具有很大的改善。该方案从理论上已验证了较其他传统算法的优越性。

改进的自适应逆控制收敛的条件为

$$\angle(1+\Delta G_a)<90° \tag{8-48}$$

所以这种控制算法也提高了收敛速度，所能进行参考信号的带宽的大小与模型偏差有很大关系。这种方法在理论上与基于 ε-滤波 NLMS 算法自适应逆控制收敛条件相同，即可能存在同样的收敛速度。然而，这种改进方法由于出发点不同：直接对被控对象进行均衡，而基于 ε-滤波 NLMS 算法自适应逆控制仍然还是从 LMS 算法本身着手进行改进，所以根据这种思想，本书提出了下面的复合算法将更大程度上提高被控系统的相频。

8.3　基于自适应逆复合控制的在线时域波形复现

在 8.2 节中，本书提出了一种改进的自适应逆控制方案，该方案不仅提高了自适应逆控制的最优解，而且改善了自适应逆控制的稳定性条件。从式（8-45）的最优解以及式（8-47）的稳定性条件可以看出，所提出的控制策略主要受到模型偏差和系统不确定性因素 ΔG_a 的影响。而 ΔG_a 主要是由所辨识的模型与实际系统之间的偏差构成的，而这个偏差在系统辨识过程中是不可避免的。如何减少 ΔG_a 的影响，对所提出的改进自适应逆控制是一个关键问题，也是进一步提高波形复现精度的关键所在。

本书对上述所提出的算法进行了改进，其原理如图 8-7 所示。在 8.2 节提出的算法的基础上，引进了一个改进的内模控制（只需调节增益 α ）和一个 2 DOF 实时反馈补偿控制器（调节 K_b ）。首先对被控系统进行均衡处理，均衡后的系统将会是一个近似的线性系统，然后在此基础上进行自适应逆控制。这种方法不仅可以提高自适应逆控制的收敛速度，而且可以减小模型偏差的影响以提高波形复现精度。

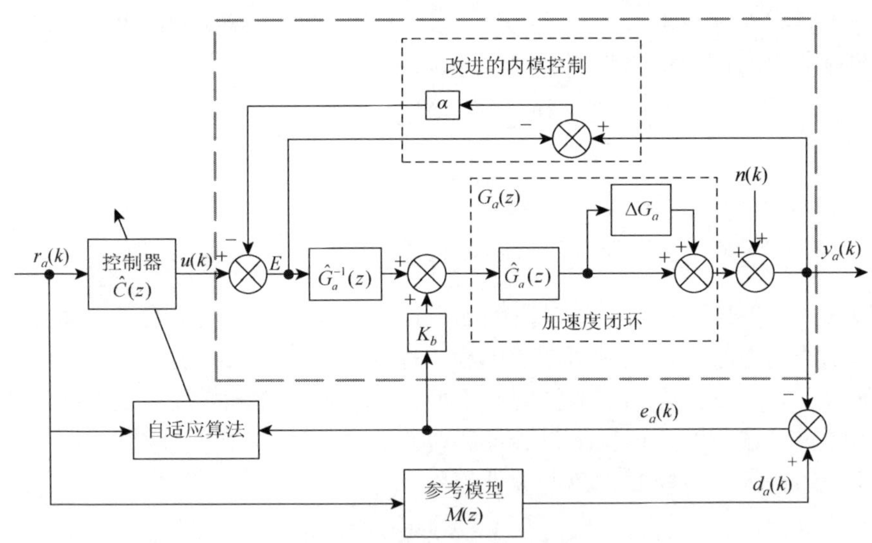

图 8-7　提出的复合控制算法

根据式（7-25）推导，可得

$$y_a(k)=\frac{1+\Delta G_a+(1-\alpha)K_b\hat{G}_a(z)(1+\Delta G_a)}{1+\alpha\Delta G_a+(1-\alpha)K_b\hat{G}_a(z)(1+\Delta G_a)}u(k)+\frac{1-\alpha}{1+\alpha\Delta G_a+(1-\alpha)K_b\hat{G}_a(z)(1+\Delta G_a)}n(k) \tag{8-49}$$

为了推导方便，外部噪声作零处理，即 $n(k)=0$。根据图 8-7 以及式（8-49），可得

$$y_a(k)=\frac{1+\Delta G_a+(1-\alpha)K_b\hat{G}_a(z)(1+\Delta G_a)}{1+\alpha\Delta G_a+(1-\alpha)K_b\hat{G}_a(z)(1+\Delta G_a)}\hat{C}(z)r_a(k) \tag{8-50}$$

由此可以得到加速度跟踪偏差为

$$\begin{aligned}e_a(k)&=d_a(k)-y_a(k)\\&=M(z)r_a(k)-\frac{1+\Delta G_a+(1-\alpha)K_b\hat{G}_a(z)(1+\Delta G_a)}{1+\alpha\Delta G_a+(1-\alpha)K_b\hat{G}_a(z)(1+\Delta G_a)}\hat{C}(z)r_a(k)\end{aligned} \tag{8-51}$$

定义目标函数为

$$\begin{aligned}J=E[e_a^2(k)]=E\Bigg\{&M^2(z)-2M(z)\frac{1+\Delta G_a+(1-\alpha)K_b\hat{G}_a(z)(1+\Delta G_a)}{1+\alpha\Delta G_a+(1-\alpha)K_b\hat{G}_a(z)(1+\Delta G_a)}\hat{C}(z)\\&+\left[\frac{1+\Delta G_a+(1-\alpha)K_b\hat{G}_a(z)(1+\Delta G_a)}{1+\alpha\Delta G_a+(1-\alpha)K_b\hat{G}_a(z)(1+\Delta G_a)}\hat{C}(z)\right]^2\Bigg\}\boldsymbol{R}\end{aligned} \tag{8-52}$$

使目标函数对控制器的偏导数为零，得到

$$\hat{C}_{\text{opt}}(z)=\frac{1+\alpha\Delta G_a+(1-\alpha)K_b\hat{G}_a(z)(1+\Delta G_a)}{1+\Delta G_a+(1-\alpha)K_b\hat{G}_a(z)(1+\Delta G_a)}z^{-d} \tag{8-53}$$

在 α 和 K_b 不同的条件下，可以得到不同条件下的最优解

$$\hat{C}_{\text{opt}}(z)=\begin{cases}\dfrac{1}{1+\Delta G_a}z^{-d}, & \alpha=0\text{，}K_b=0\\[2mm]\dfrac{1+K_b\hat{G}_a(z)(1+\Delta G_a)}{1+\Delta G_a+K_b\hat{G}_a(z)(1+\Delta G_a)}z^{-d}, & \alpha=0\text{，}K_b\neq 0\\[2mm]\dfrac{1+\alpha\Delta G_a}{1+\Delta G_a}z^{-d}, & \alpha\neq 0\text{，}K_b=0\\[2mm]\dfrac{1+\alpha\Delta G_a+(1-\alpha)K_b\hat{G}_a(z)(1+\Delta G_a)}{1+\Delta G_a+(1-\alpha)K_b\hat{G}_a(z)(1+\Delta G_a)}z^{-d}, & \alpha\neq 0,\ K_b\neq 0\end{cases} \tag{8-54}$$

从式（8-54）可以看到，在 α 和 K_b 均为零的条件下，最优解与 8.2 节提出的改进方案是一致的。自适应逆控制理想的最优解为

$$\hat{C}_{\text{opt}}(z)=z^{-d} \tag{8-55}$$

根据理想最优解与实际最优解的公式 $\hat{C}(z)=C(z)+\Delta C$，可以得出 $|\Delta C|$ 的表达式为

$$|\Delta C| = \left| z^{-d} - \hat{C}_{\text{opt}}(z) \right| \tag{8-56}$$

将式（8-54）代入式（8-56），对式（8-56）进一步简化，得到

$$|\Delta C| = \begin{cases} \dfrac{\Delta G_a}{1+\Delta G_a} z^{-d}, & \alpha = 0\text{，}K_b = 0 \\ \dfrac{\Delta G_a}{1+\Delta G_a + K_b \hat{G}_a(z)(1+\Delta G_a)} z^{-d}, & \alpha = 0\text{，}K_b \neq 0 \\ \dfrac{(1-\alpha)\Delta G_a}{1+\Delta G_a} z^{-d}, & \alpha \neq 0\text{，}K_b = 0 \\ \dfrac{(1-\alpha)\Delta G_a}{1+\Delta G_a + (1-\alpha) K_b \hat{G}_a(z)(1+\Delta G_a)} z^{-d}, & \alpha \neq 0\text{，}K_b \neq 0 \end{cases} \tag{8-57}$$

根据式（8-57），有下面两个不等式成立

$$\frac{(1-\alpha)\Delta G_a}{1+\Delta G_a + (1-\alpha) K_b \hat{G}_a(z)(1+\Delta G_a)} \leqslant \frac{(1-\alpha)\Delta G_a}{1+\Delta G_a} \leqslant \frac{\Delta G_a}{1+\Delta G_a} \tag{8-58}$$

$$\frac{(1-\alpha)\Delta G_a}{1+\Delta G_a + (1-\alpha) K_b \hat{G}_a(z)(1+\Delta G_a)} \leqslant \frac{\Delta G_a}{1+\Delta G_a + K_b \hat{G}_a(z)(1+\Delta G_a)} \leqslant \frac{\Delta G_a}{1+\Delta G_a} \tag{8-59}$$

从上面两个不等式可以看到，所提出的改进算法的最优解偏差$|\Delta C|$较其他算法都小，即采用该控制策略可以获得更精确的最优解，从而可以获得更精确的时域波形复现精度。

利用式（8-14）和式（8-15）以及式（8-25）和式（8-26），可以得到基于提出的自适应逆控制权系数的稳定性条件为

$$\left| \boldsymbol{I} - \rho \frac{1+\Delta G_a + (1-\alpha) K_b \hat{G}_a(z)(1+\Delta G_a)}{1+\alpha\Delta G_a + (1-\alpha) K_b \hat{G}_a(z)(1+\Delta G_a)} \boldsymbol{\Lambda} \right| < 1 \tag{8-60}$$

可以得到

$$\begin{aligned} 0 < \mu &< \frac{\rho}{\lambda_{\max}} \frac{1+\alpha\Delta G_a + (1-\alpha) K_b \hat{G}_a(z)(1+\Delta G_a)}{1+\Delta G_a + (1-\alpha) K_b \hat{G}_a(z)(1+\Delta G_a)} \\ &< \frac{\dfrac{\beta}{\lambda} + (1-\beta)\text{tr}[\boldsymbol{R}]}{\lambda_{\max}} \frac{1+\alpha\Delta G_a + (1-\alpha) K_b \hat{G}_a(z)(1+\Delta G_a)}{1+\Delta G_a + (1-\alpha) K_b \hat{G}_a(z)(1+\Delta G_a)} \end{aligned} \tag{8-61}$$

根据不等式关系，有式（8-62）成立，即

$$\left| \frac{1}{1+\Delta G_a} \right| < \left| \frac{1+\alpha\Delta G_a}{1+\Delta G_a} \right| < \left| \frac{1+\alpha\Delta G_a + (1-\alpha) K_b \hat{G}_a(z)(1+\Delta G_a)}{1+\Delta G_a + (1-\alpha) K_b \hat{G}_a(z)(1+\Delta G_a)} \right| \tag{8-62}$$

根据不等式（8-62）的关系，式（8-61）可进一步表达为

$$0<\mu<\frac{\dfrac{\beta}{\lambda}+(1-\beta)\text{tr}[\boldsymbol{R}]}{(1+\Delta G_a)\lambda_{\max}}<\frac{\dfrac{\beta}{\lambda}+(1-\beta)\text{tr}[\boldsymbol{R}]}{\lambda_{\max}}\left|\frac{1+\alpha\Delta G_a}{1+\Delta G_a}\right|$$
$$<\frac{\dfrac{\beta}{\lambda}+(1-\beta)\text{tr}[\boldsymbol{R}]}{\lambda_{\max}}\frac{1+\alpha\Delta G_a+(1-\alpha)K_b\hat{G}_a(z)(1+\Delta G_a)}{1+\Delta G_a+(1-\alpha)K_b\hat{G}_a(z)(1+\Delta G_a)} \tag{8-63}$$

根据式（8-63）可以看到，所提的自适应逆控制方案不仅改进了振动台加速度闭环系统的动态特性，而且增加了最大的稳定步长，可以对更宽频带内的信号进行试验，该方法改进了系统的稳定性条件。从理论上证明了所提出的基于前馈补偿的自适应逆控制算法的可行性。

根据式（7-27），可以得到不同条件下的收敛条件

$$\begin{cases}\angle(1+\Delta G_a)<90°, & \alpha=0\text{ ，}K_b=0\\ \angle\dfrac{1+\Delta G_a+K_b\hat{G}_a(z)(1+\Delta G_a)}{1+K_b\hat{G}_a(z)(1+\Delta G_a)}<90°, & \alpha=0\text{ ，}K_b\neq 0\\ \angle\dfrac{1+\Delta G_a}{1+\alpha\Delta G_a}<90°, & \alpha\neq 0\text{ ，}K_b=0\\ \angle\dfrac{1+\Delta G_a+(1-\alpha)K_b\hat{G}_a(z)(1+\Delta G_a)}{1+\alpha\Delta G_a+(1-\alpha)K_b\hat{G}_a(z)(1+\Delta G_a)}<90°, & \alpha\neq 0\text{，}K_b\neq 0\end{cases} \tag{8-64}$$

根据不等式关系，有式（8-65）成立

$$\angle\frac{1+\Delta G_a+(1-\alpha)K_b\hat{G}_a(z)(1+\Delta G_a)}{1+\alpha\Delta G_a+(1-\alpha)K_b\hat{G}_a(z)(1+\Delta G_a)}<\angle\frac{1+\Delta G_a}{1+\alpha\Delta G_a}<\angle(1+\Delta G_a)<90° \tag{8-65}$$

$$\angle\frac{1+\Delta G_a+(1-\alpha)K_b\hat{G}_a(z)(1+\Delta G_a)}{1+\alpha\Delta G_a+(1-\alpha)K_b\hat{G}_a(z)(1+\Delta G_a)}<\angle\frac{1+\Delta G_a+K_b\hat{G}_a(z)(1+\Delta G_a)}{1+K_b\hat{G}_a(z)(1+\Delta G_a)}<\angle(1+\Delta G_a)<90° \tag{8-66}$$

根据上述不等式可以看到：提出的自适应逆控制策略提高了被控对象的相频宽，从而提高了自适应逆控制的收敛速度，并且扩展了系统所能实现更宽的参考信号，从理论上给出了系统所能实现的最宽频带的参考信号，为试验提供了理论基础。该方案从理论上已验证了较其他传统算法的优越性。

8.4　集成自适应逆和模型偏差补偿器的复合控制在线时域波形复现

从式（8-45）的最优解以及式（8-47）的稳定性条件可以看出，所提出的控制策略主要受到模型偏差和系统不确定性因素 ΔG_a 的影响。8.3 节主要利用了内模

控制和一个 2 DOF 反馈降低模型偏差对自适应逆收敛速度的影响，本节首先采用一个模型偏差补偿器降低模型偏差的影响，在此基础上进行自适应控制研究。提出的控制方案如图 8-8 所示，内部的模型偏差补偿器如图 8-9 所示。

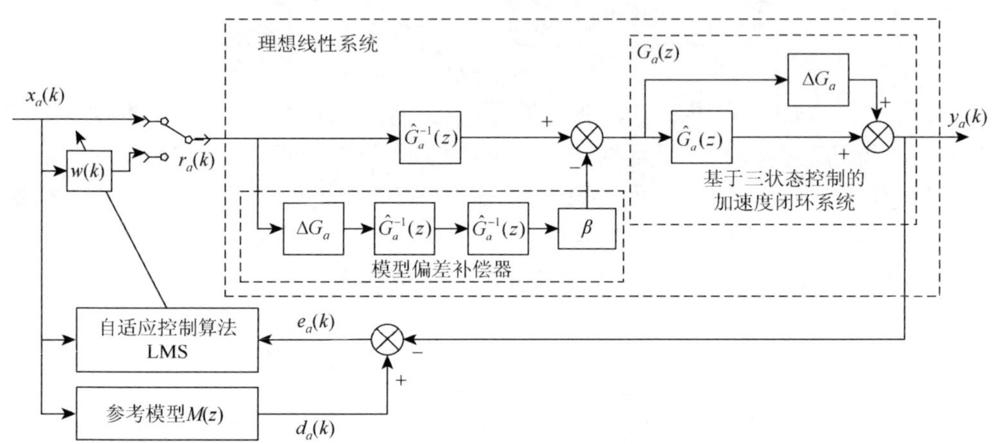

图 8-8　集成模型偏差补偿器和自适应控制的复合控制方法

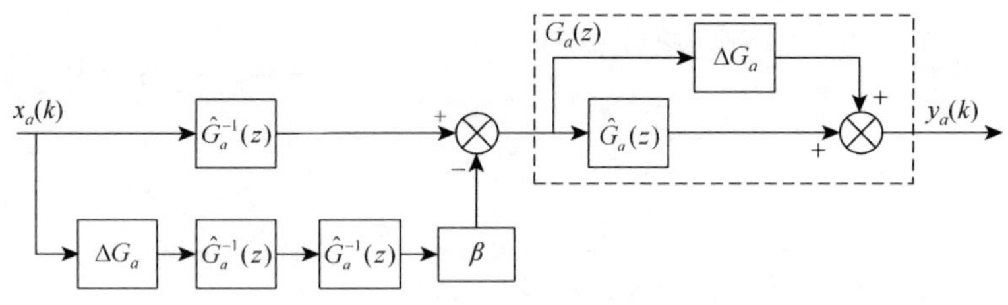

图 8-9　模型偏差补偿器

根据图 8-9，在不考虑模型偏差补偿器的情况下，系统加速度输出为

$$\begin{aligned} y_a(k) &= \hat{G}_a^{-1}(z)(\hat{G}_a(z)+\Delta G_a)x_a(k) \\ &= x_a(k)+\hat{G}_a^{-1}(z)\Delta G_a x_a(k) \end{aligned} \tag{8-67}$$

考虑提出的模型偏差补偿器后，系统加速度输出变为

$$\begin{aligned} y_a(k) &= [\hat{G}_a^{-1}(z)-\beta\Delta G_a\hat{G}_a^{-1}(z)\hat{G}_a^{-1}(z)](\hat{G}_a(z)+\Delta G_a)x_a(k) \\ &= x_a(k)+\hat{G}_a^{-1}(z)\Delta G_a x_a(k)-\beta\Delta G_a\hat{G}_a^{-1}(z)x_a(k)-\beta(\hat{G}_a^{-1}(z)\Delta G_a)^2 x_a(k) \end{aligned} \tag{8-68}$$

根据式（8-68），加速度跟踪偏差 $e_a(k)$ 可以推导为

$$e_a(k)=x_a(k)-y_a(k)=\begin{cases} \hat{G}_a^{-1}(z)\Delta G_a x_a(k), & \beta=0 \\ (\hat{G}_a^{-1}(z)\Delta G_a)^2 x_a(k), & \beta=1 \\ \dfrac{1}{2}\hat{G}_a^{-1}(z)\Delta G_a x_a(k)-\dfrac{1}{2}(\hat{G}_a^{-1}(z)\Delta G_a)^2 x_a(k), & \beta=\dfrac{1}{2} \end{cases} \tag{8-69}$$

在理想的频率范围内，有$\left|\hat{G}_a^{-1}(z)\Delta G_a\right| \leqslant 1$成立，$e_a(k)$可以表示为

$$\left|\hat{G}_a^{-1}(z)\Delta G_a\right|^2 \leqslant \left|\hat{G}_a^{-1}(z)\Delta G_a\right| \leqslant 1 \tag{8-70}$$

从式（8-70）可以得出结论：由该模型偏差补偿器补偿后，加速度跟踪偏差为$(\hat{G}_a^{-1}(z)\Delta G_a)^2 x_a(k)$，提高了跟踪精度。

参考图 8-8 和图 8-9，结合式（8-69）的加速度跟踪偏差，定义目标函数为

$$\begin{aligned} J(k) = E\Big[&\left(z^{-L} - w(k) - \hat{G}_a^{-1}(z)\Delta G_a w(k) + \beta\hat{G}_a^{-1}(z)\Delta G_a w(k)\right) \\ &+ \beta(\hat{G}_a^{-1}(z)\Delta G_a)^2 w(k))^2 \boldsymbol{x}_a(k)\boldsymbol{x}_a^{\mathrm{T}}(k)\Big] \end{aligned} \tag{8-71}$$

根据式（8-71），对权值进行偏导并使其为 0，可以得到最优解为

$$w(k)_{\text{opt}} = \left(1 + \hat{G}_a^{-1}(z)\Delta G_a - \beta\hat{G}_a^{-1}(z)\Delta G_a - \beta(\hat{G}_a^{-1}(z)\Delta G_a)^2\right)^{-1} z^{-L} \tag{8-72}$$

8.5　在线时域波形复现仿真结果

上述各节对自适应逆控制的各种控制策略进行了理论研究分析，并给出了各种控制策略的优缺点，本节采用建立的加速度模型对五种控制策略进行仿真验证。

首先，需要对自适应逆控制的收敛条件进行仿真验证。图 8-10 是各种自适应逆控制的被控对象的频率特性图，从图中可以看到：在 –90° 相位频宽所对应的不同被控对象下，所能实现的最大带宽参考信号：NLMS 可以实现 1～32Hz 随机参考信号的自适应逆控制；X-滤波 NLMS 可以实现 1～66Hz 随机参考信号的自适应逆控制；ε-滤波 NLMS 和改进的控制算法可以实现 1～52Hz 随机参考信号的自适应逆控制；提出的控制算法可以实现 1～88Hz 随机参考信号的自适应逆控制。

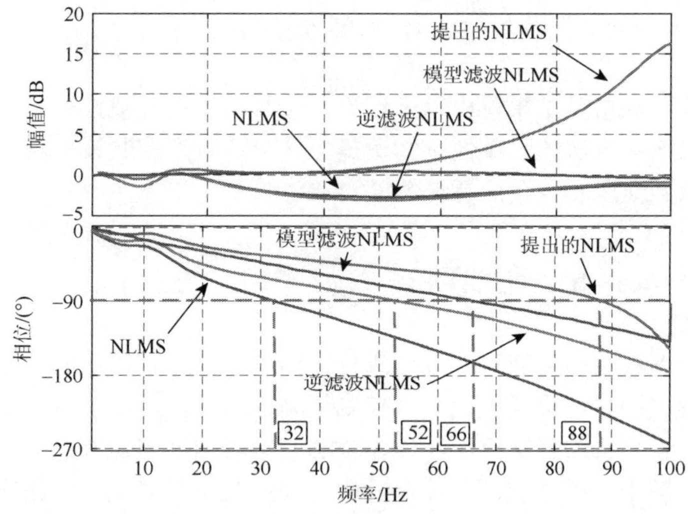

图 8-10　基于各种自适应逆控制的被控对象的频率特性

图 8-11（a）就是采用不同的参考信号对不同的算法进行仿真的结果，其中曲线 a 是采用 1～32Hz 随机参考信号进行 NLMS 的自适应逆控制结果；曲线 b 是采用 1～66Hz 随机参考信号进行 X-滤波 NLMS 的自适应逆控制结果；曲线 c 是采用 1～52Hz 随机参考信号进行 ε-滤波 NLMS 的自适应逆控制结果；曲线 d 是采用 1～52Hz 随机参考信号进行改进的 NLMS 的自适应逆控制结果；曲线 e 是采用 1～88Hz 随机参考信号进行提出的自适应逆控制结果。从该仿真图中验证了自适应逆控制的收敛条件与被控对象的相频特性密切相关，该结论对后续的试验验证将起到很大作用。从该图中验证了最终所提出的控制策略可以将系统的自适应逆控制的范围由 1～32Hz 提高到 1～89Hz，为自适应逆控制在电液振动台中的实际应用起到重要作用。

图 8-11（b）中是采用 1～30Hz 随机加速度参考信号来验证各种控制策略的收敛速度及精度，曲线 a 是 NLMS，曲线 b 是 X-滤波 NLMS，曲线 c 是 ε-滤波 NLMS，曲线 d 是改进的 NLMS，曲线 e 是提出的自适应逆控制策略，可以看到提出的控制策略不仅具有较快的收敛速度，而且具有很高的波形复现精度。

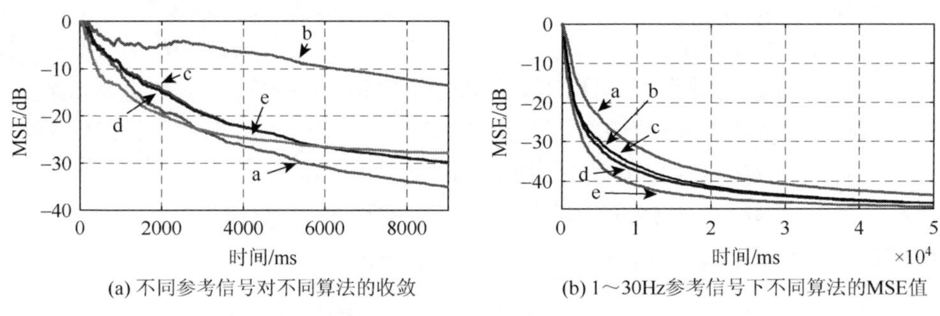

(a) 不同参考信号对不同算法的收敛

(b) 1～30Hz参考信号下不同算法的MSE值

图 8-11　MSE 仿真结果

综上所述，该仿真结果得出以下结论：①收敛速度与被控对象的相频宽有很大关系，直接影响算法的收敛性；②所提出的自适应逆控制策略较其他控制策略具有较快的收敛速度和较高的复现精度。

8.6　在线时域波形复现试验结果

本节将对各种自适应逆控制策略进行试验以验证本书提出的理论分析的可行性，并验证提出的自适应逆控制复合控制策略的有效性。首先对自适应逆控制的收敛条件的理论分析进行试验验证。图 8-12 是各种自适应逆控制的被控对象的相频特性图，从图中可以看到：每种自适应逆控制策略所能复现的加速度参考信号有很大区别，如表 8-1 所示。为了进一步验证提出的每种自适应逆控制的收敛速度，根据表 8-1，图 8-13 给出了 5 种自适应逆控制策略试验进行正弦试验的绝对值偏差的积分（ITAE，单位为 dB 表示）。

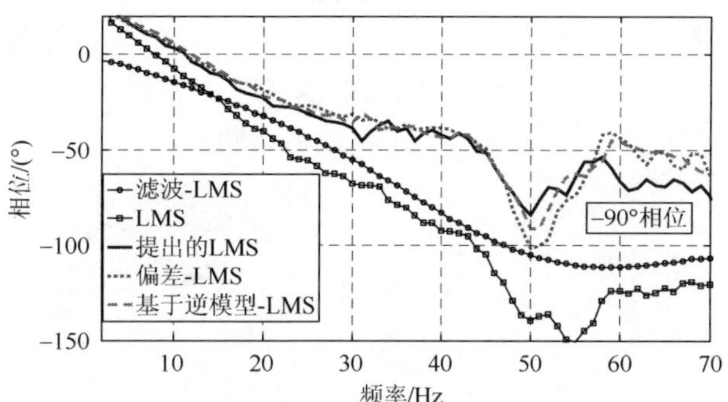

图 8-12　各种自适应逆对应的系统相频宽

表 8-1　与自适应逆控制策略对应的相频宽

	步长	频率范围	参考信号 1	参考信号 2	图片 8-14
NLMS	0.0001	1～30	30Hz 正弦	2～40Hz 随机	a，f
X-滤波 NLMS	0.0001	1～35	35Hz 正弦	2～40Hz 随机	b，g
ε-滤波 NLMS	0.0001	1～42	40Hz 正弦	2～40Hz 随机	c，h
逆模型-NLMS	0.0001	1～42	40Hz 正弦	2～40Hz 随机	d，i
提出的 NLMS	0.0001	1～48	45Hz 正弦	2～40Hz 随机	e，j

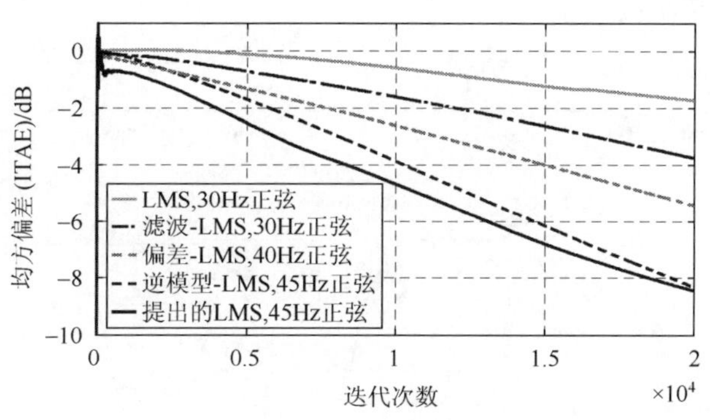

图 8-13　MSE 试验结果

从图 8-13 可以看到：①所提出的复合控制策略虽然进行了 45Hz 的正弦信号，但是仍然具有较快的收敛速度；②与其他自适应逆控制算法相比，提出的复合控制策略具有较高的波形复现精度，收敛 20000 步以后，其 MES 值由传统的 NLMS 的−2dB 降至−8dB。该复合控制策略的收敛速度和复现精度提高的原因与相位频宽有直接关系，因为基于逆模型的前馈复合控制策略首先对振动台系统进行了均衡，提高了相频宽，同时也进一步验证了理论分析的正确性。

为了更清晰地对比各自适应逆控制策略的收敛性能，图 8-14（a）～图 8-14（e）给出了每种自适应逆控制在进行不同正弦时的时域波形复现图，图 8-14（f）～图 8-14（j）给出了 2～40Hz 相同的随机参考信号。从图 8-14 的每个波形复现效果可以进一步验证所提出的复合控制策略的有效性。

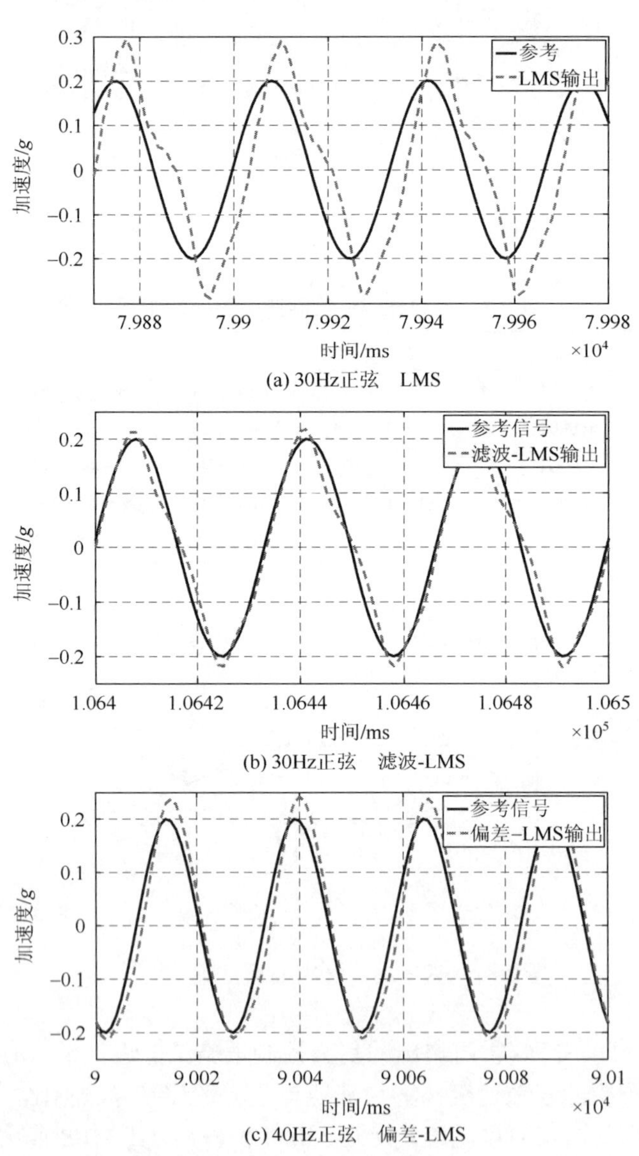

(a) 30Hz正弦 LMS

(b) 30Hz正弦 滤波-LMS

(c) 40Hz正弦 偏差-LMS

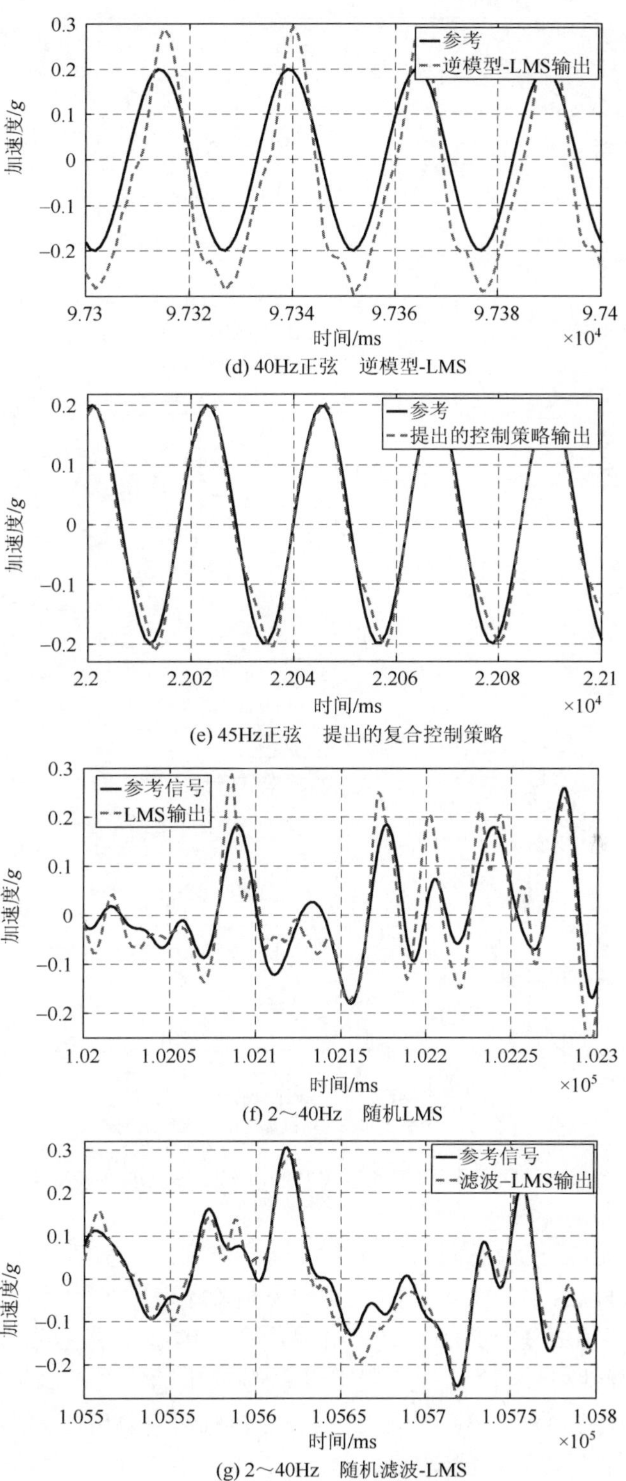

(d) 40Hz正弦　逆模型-LMS

(e) 45Hz正弦　提出的复合控制策略

(f) 2～40Hz　随机LMS

(g) 2～40Hz　随机滤波-LMS

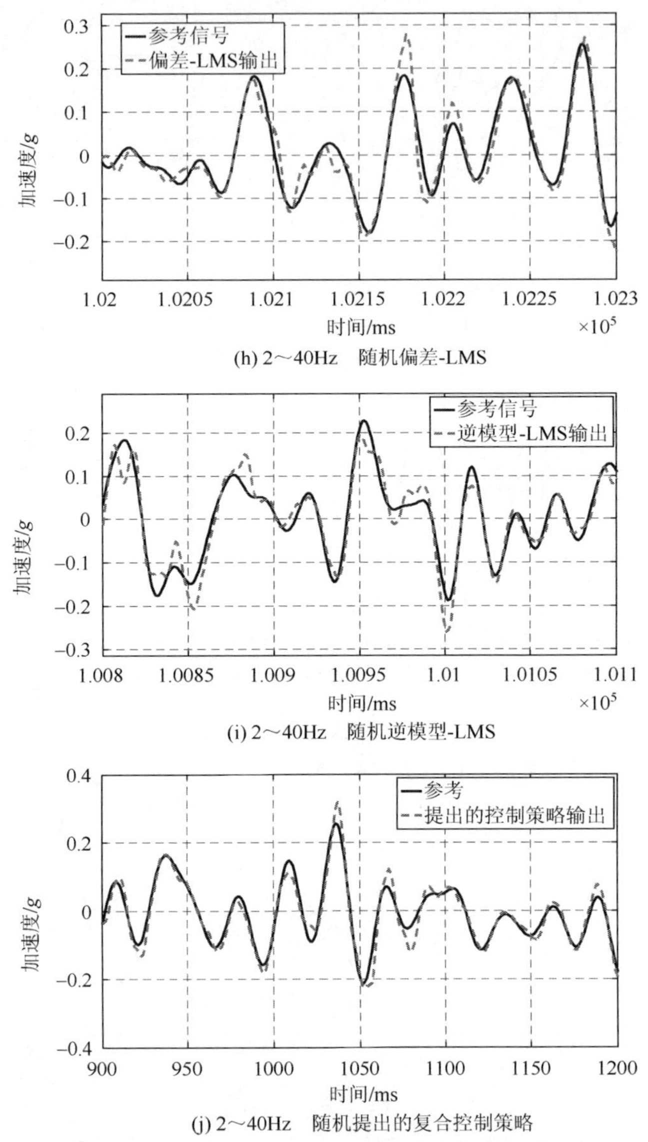

(h) 2～40Hz　随机偏差-LMS

(i) 2～40Hz　随机逆模型-LMS

(j) 2～40Hz　随机提出的复合控制策略

图 8-14　不同自适应逆控制的时域波形复现试验结果

图 8-15 给出了五种不同自适应逆控制收敛到最优解后的正弦波形复现的偏差，从该图中可以看出，采用提出的复合控制策略获得的加速度跟踪偏差从传统的 NLMS 算法的 0.2g 降到 0.03g 内，并且尚在收敛过程中，可以看出提出的复合控制策略的可行性与优越性。为了进一步验证提出的复合控制策略在进行随机信号波形复现的效果，图 8-16 给出了 2～40Hz 随机信号复现的幅频特性，从该图中明显看到采用提出的复合控制策略获得的加速度跟踪偏差的幅频特性从传统的

NLMS 算法的±7dB 降到理想偏差±2dB，并且采用这种复合控制策略与三状态控制器或前馈补偿控制的一个最大的优点是可以在线调节跟踪偏差，解决了系统可能发生的微小非线性的现象。

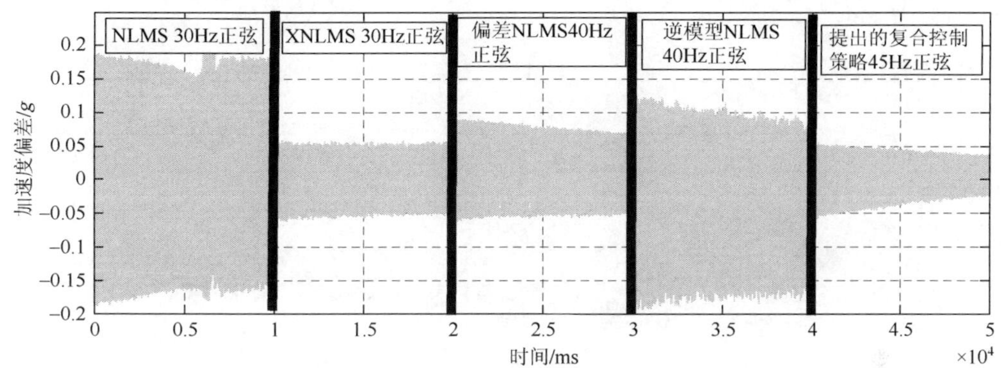

图 8-15　不同自适应逆控制的正弦波形复现偏差

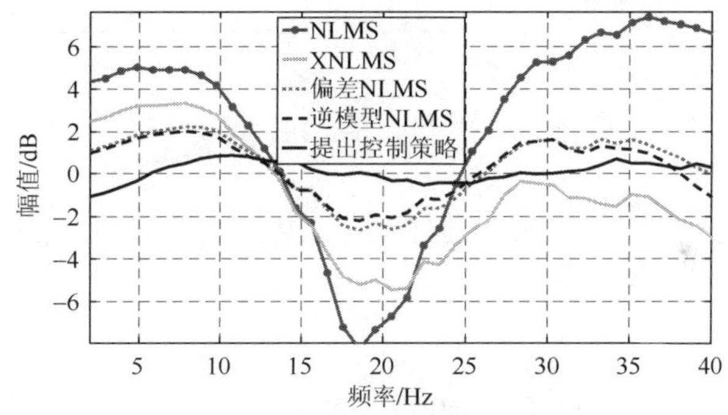

图 8-16　不同自适应逆控制的随机波形复现幅频特性

为了验证所提出的复合控制策略的可行性，图 8-17（a）给出了 45Hz 正弦信号的收敛过程，图 8-17（b）～图 8-17（f）是局部放大图，图 8-17（g）是

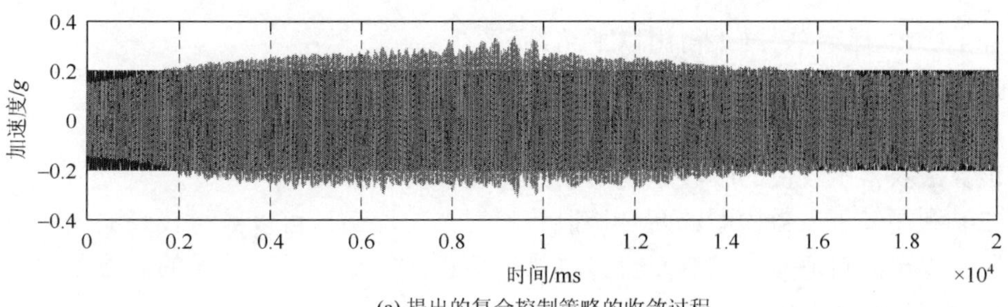

(a) 提出的复合控制策略的收敛过程

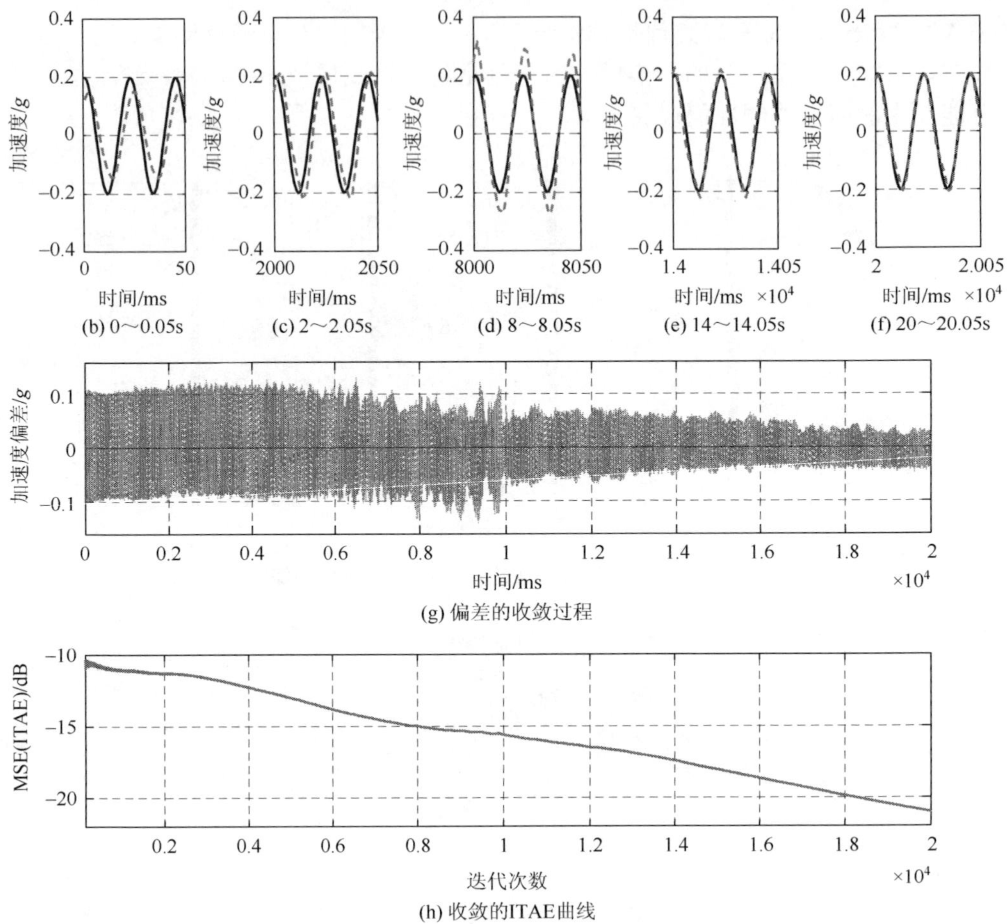

图 8-17　提出的复合控制策略收敛过程

复合控制策略收敛的偏差信号，图 8-17（h）是复合控制策略的收敛的 ITAE 值，该图显示了提出的复合控制策略的收敛速度及精度，并且随着时间的推移一直进行收敛。从这些图中可以看到，提出的复合控制策略提高了收敛速度和精度。

综上所述，该试验结果得出以下结论。

（1）收敛速度与被控对象的相频宽有很大关系，直接影响算法的收敛性，提出的自适应逆控制复合控制策略由于改善了振动台的动态特性尤其是相频特性，所以该算法获得了较快的收敛速度及较高的波形复现精度。

（2）利用基于参数模型的复合控制策略对系统均衡后可以获得较高的相频特性，所以提出的自适应逆控制复合控制策略可以进行更大频宽信号的波形复现，并由系统的相频宽决定。

（3）通过改变信号的增益大小或切换其他信号后，自适应逆控制不需要再调节权值系数。因此，提出的自适应逆控制策略较其他控制策略具有较快的收敛速度和较高的复现精度。

为了验证所提出的集成模型偏差和自适应控制的复合控制策略的可行性，图 8-18 给出了 45Hz 正弦信号的收敛过程及其收敛结束后的跟踪效果，图 8-19 给出了 2～40Hz 随机信号的收敛过程及其收敛结束后的跟踪效果。可见，该复合控制策略提高了收敛速度和精度。

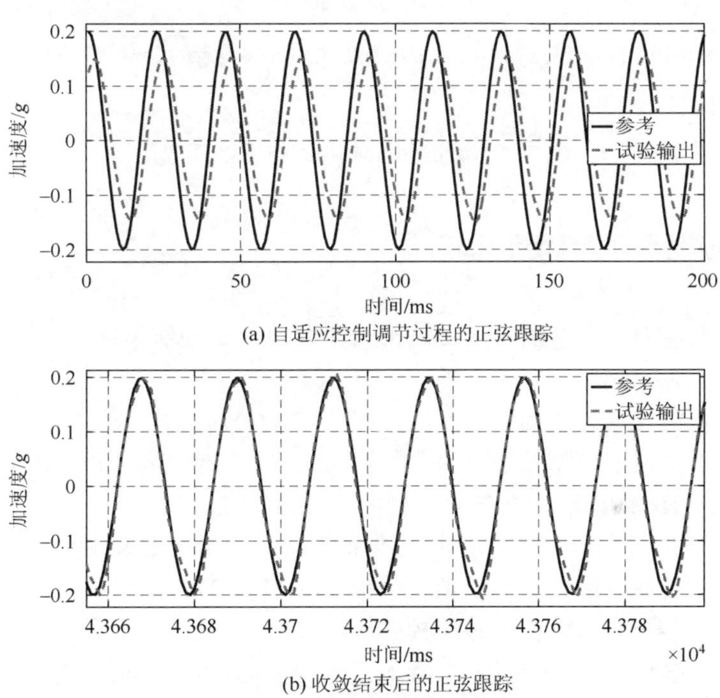

(a) 自适应控制调节过程的正弦跟踪

(b) 收敛结束后的正弦跟踪

图 8-18　集成模型偏差和自适应逆的复合控制策略（45Hz 正弦）

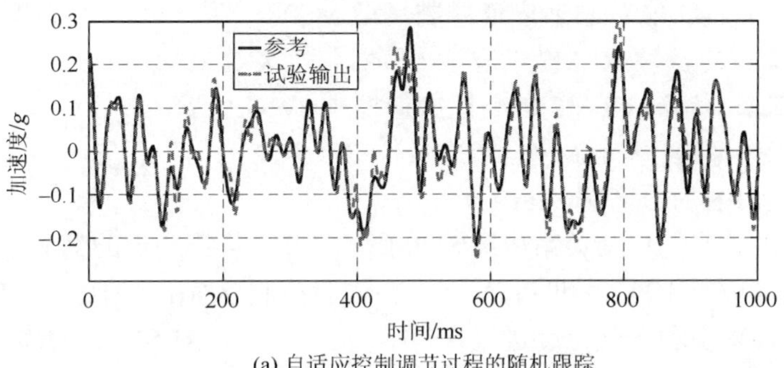

(a) 自适应控制调节过程的随机跟踪

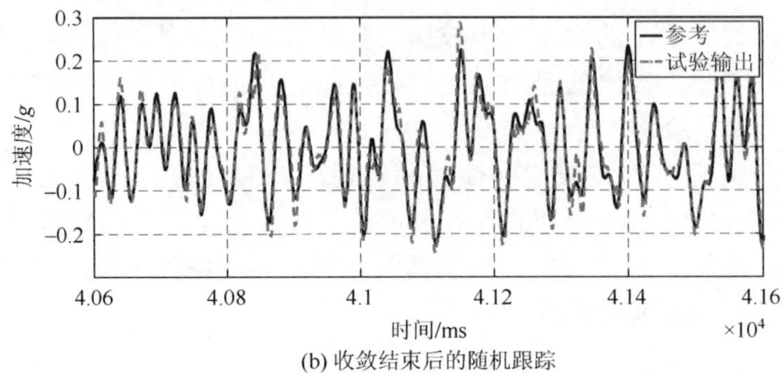

(b) 收敛结束后的随机跟踪

图 8-19 集成模型偏差和自适应逆的复合控制策略（2～40Hz 随机）

8.7 各控制策略效果分析

8.7.1 各控制器跟踪精度比较

根据本书前面各章节的内容，这部分主要对以下控制策略进行对比。

（1）三状态控制器（TVC）。

（2）基于位置逆模型的三状态控制器（PTVC）。

（3）基于位置逆模型+改进的内模控制的三状态控制器（PITVC）。

（4）基于 H1 估计法的非参数模型前馈补偿控制（H1FF）。

（5）基于 RLS 估计法的非参数模型前馈补偿控制（RLSFF）。

（6）基于自适应逆建模的前馈补偿控制（AICFF）。

（7）基于参数模型的前馈补偿控制（PMFF）。

（8）基于参数模型+内模控制+实时反馈控制器的前馈补偿控制（PMIRTFF）。

（9）传统的离线迭代控制（TOIC）。

（10）提出的离线迭代控制（POIC）。

（11）基于 NLMS 的自适应逆控制（NLMS）。

（12）基于 X-滤波 NLMS 的自适应逆控制（XNLMS）。

（13）基于 ε-滤波 NLMS 的自适应逆控制（εNLMS）。

（14）参数逆模型+NLMS 自适应逆控制（IAIC）。

（15）提出的复合算法（PAIC）。

各个控制策略的相互关系如图 8-20 所示。首先从振动台的伺服控制着手进行研究（包括 TVC、PTVC 和 PITVC）。在伺服控制系统的基础上研究了振动控制策略，主要从均衡和迭代角度进行，包括基于 H1FF、RLSFF、AICFF、PMFF 以及 PMIRTFF 的均衡控制，TOIC 和 POIC 迭代控制。为了进一步提高时域波形复现的精度，本书最后研究了自适应逆控制（包括传统的 NLMS、XNLMS 和 εNLMS），并在振动控制策略和自适应逆控制领域进行了融合，提出了 IAIC 和 PAIC 两种改进的自适应逆控制策略，并获得了较满意的试验结果。因此，本书研究了不同的时域波形复现控制策略，但是每个控制策略均相互关联，并从不同性能方面进行了研究。

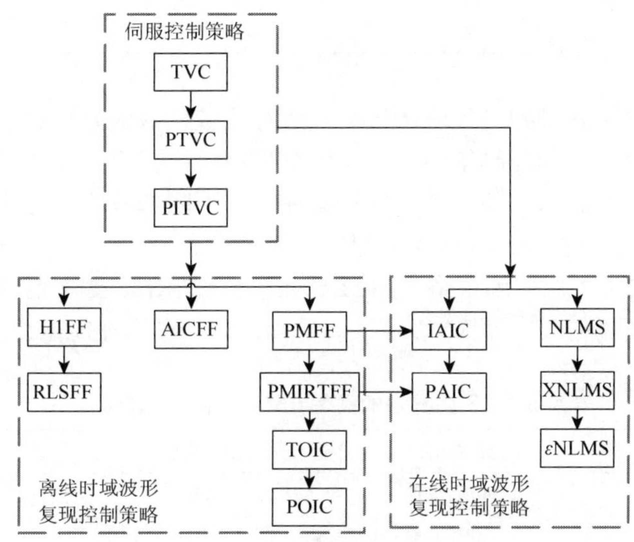

图 8-20　各控制策略的关系

表 8-2 给出了本书各控制器的性能指标，从不同角度来衡量算法的优缺点。

表 8-2　不同算法的性能

不同算法	是否在线	精度	收敛速度	运算量	模型偏差	频宽
1 TVC	是	不好	—	小	—	较小
2 PTVC	是	好	—	小	较大	较小
3 PITVC	是	好	—	小	小	较小
4 H1FF	否	不好	—	大	较大	较大
5 RLSFF	否	好	—	大	较大	较大
6 AICFF	否	好	—	较大	较大	较大
7 PMFF	否	好	—	小	较大	较大
8 PMIRTFF	否	好	—	小	小	大
9 TOIC	否	好	慢	大	较大	较小
10 POIC	否	好	快	小	小	较大

续表

不同算法	是否在线	精度	收敛速度	运算量	模型偏差	频宽
11 NLMS	是	不好	慢	小	—	较小
12 XNLMS	是	好	快	小	较大	较大
13 εNLMS	是	好	快	小	较大	较大
14 IAIC	是	好	快	小	较大	较大
15 PAIC	是	好	快	小	小	大

为了对本书中各种控制策略的优缺点进行比较，该部分将对本书中传统的控制策略以及本书提出的控制策略进行试验分析比较，在不同条件下可以采取相应的控制策略的目的。为了验证各控制策略在进行不同参考信号时的复现精度，该部分采用 40Hz 正弦参考加速度信号进行试验研究。

表 8-3 给出了不同控制策略下的 ITAE 偏差值和 RMS 偏差值。ITAE 主要用于衡量时域波形复现精度，而 RMS 主要用于衡量两个波形在能量上的差别。

表 8-3　不同算法的偏差 RMS 和最大时域偏差

不同算法	参考信号	ITAE 偏差/%	RMS 偏差/%
1 TVC	40Hz 正弦	134	18.88
2 PTVC	40Hz 正弦	72.21	20.65
3 PITVC	40Hz 正弦	79.7	7.99
4 H1FF	40Hz 正弦	58.7	23.61
5 RLSFF	40Hz 正弦	55.1	22.21
6 AICFF	40Hz 正弦	57.6	22.91
7 PMFF	40Hz 正弦	74.5	24.61
8 PMIRTFF	40Hz 正弦	75.2	15.56
9 TOIC	30Hz 正弦	43.6	11.05
10 POIC	30Hz 正弦	28.7	5.32
11 NLMS	30Hz 正弦	84.5	28.43
12 XNLMS	35Hz 正弦	21.75	1.56
13 εNLMS	40Hz 正弦	28.8	10.32
14 IAIC	40Hz 正弦	55.2	36.96
15 PAIC	45Hz 正弦	17.35	3.89

图 8-21 给出了表 8-3 的性能评估试验结果，从试验结果中可以看到以下几点。

（1）提出的控制策略较传统的控制策略均获得了较好的结果。

（2）从试验结果以及第 2 章的理论分析可以看出，提出的等效原则提高了波形复现精度，主要优势在于该等效原则可以减少三状态前馈控制器的参数调节过程，给试验带来了很大的方便，并且一般情况下，位置逆模型较加速度逆模型精度高，也给提出的等效原则提供了方便。

（3）非参数模型补偿需要进行 FFT 和 IFFT，而自适应逆建模只能对系统的模型直接辨识逆模型，而不能直接对试验系统直接进行辨识逆模型，并且这两种补偿控制均存在着延时问题，在实际试验中存在着劣势。

（4）基于参数模型的前馈补偿控制的 ITAE 偏差值和 RMS 偏差值均不是很理想，这与设计的逆传递函数和实际系统存在模型偏差有关系。

（5）参考信号的频带大小是影响所有控制策略的一个主要因素，与系统频宽有密切关系，高频段的参考信号可能造成自适应逆控制的发散以及离线迭代的收敛速度。基于参数模型均衡的自适应逆控制算法无论从 RMS 偏差（3.89%）还是从 ITAE 偏差（17.35%）角度看，均获得了较好的复现精度，并且该算法可以采用 45Hz 的参考信号进行自适应逆控制，所以提出的该复合控制策略是可行的。

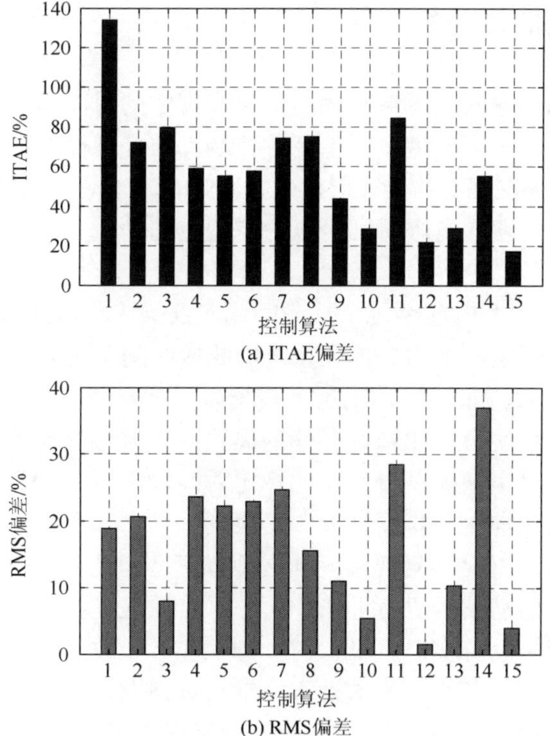

(a) ITAE偏差

(b) RMS偏差

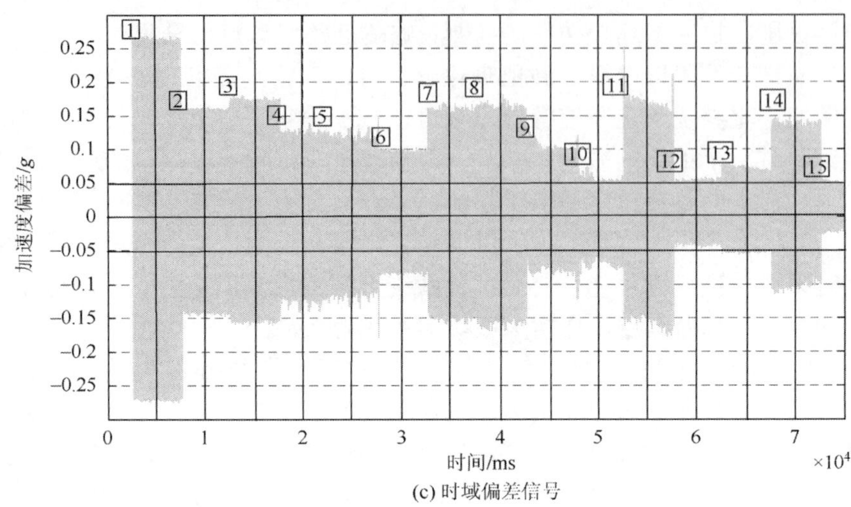

(c) 时域偏差信号

图 8-21　不同控制器的性能评估结果

总之，从理论研究和试验验证中，可以看到本书提出的各种控制策略较传统的控制策略均有较大改进，并具有很大的实用性。

8.7.2　各控制器实时性分析

实时性是指信号的输入、运算和输出都要在规定的时间内完成，并根据被控系统的变化情况来实时进行处理。不论各种控制算法处理以及网络传输速度的快慢，只要保证控制系统在规定的响应时间内发生响应动作，则称系统具有实时性。因此，实时性就是指能够在有限时间内执行完规定的功能并对外部的异步事件作出响应的能力。

对于电液振动台激励-响应系统，从激励输入到响应输出的时间假设为 t，该时间表现为系统的时间响应能力。如果系统的响应时间 t 能够满足电液振动台系统的规定时间 T 的要求，即 $t<T$，则这个系统为实时系统。

本书的伺服控制系统及基于前馈补偿的离线时域波形复现的各控制算法的响应输出的时间均可满足电液振动台系统的规定时间，所以这些算法的实时性满足试验要求。而离线迭代控制是指振动控制器根据振动台伺服控制器的输入和输出信号来修正控制参数，以提高复现精度，这种修正过程是非实时的，它是在一次完全测试完之后才对驱动信号进行补偿。而基于自适应逆控制的在线时域波形复现的控制算法在进行振动台实时性试验时，则存在一个收敛过程。因为自适应控制（包括自适应逆控制）都存在收敛过程。针对该问题，本书采用以下方案：首先采用低量级的弱随机信号激励系统，待自适应逆算法收敛之后，然后切换到需要做试验的参考信号或者增大增益直到达到所需的试验要求。在进行信号切换或增大增益时，自适应逆算法是否收敛问题，其实时性是否存在问题。本书进行了试验验证，图 8-22（a）是参考信号从小信号切换到大信号的收敛过程，可以看到 LMS 算法的权值没有改变，不需要重新迭代收敛而可以直接利用收敛后的权值系数。图 8-22（b）是在参考信号突变时的局部放大图，可以看到增益变化未影响 LMS 自适应逆的收敛性。

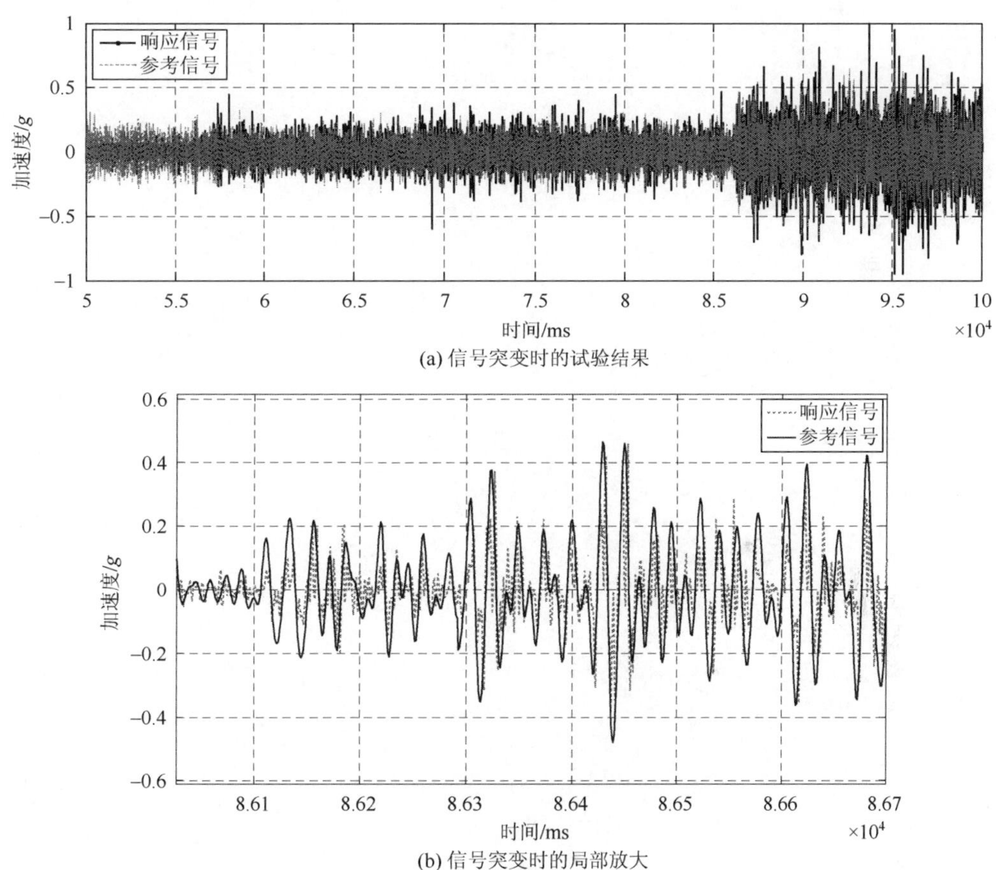

(a) 信号突变时的试验结果

(b) 信号突变时的局部放大

图 8-22　实时性试验

8.8　本 章 小 结

本章主要针对电液振动台在线时域波形的控制策略进行研究，为了获得较高的加速度波形复现精度，本书采用自适应逆控制作为在线时域波形复现的一种控制策略。首先对 LMS、NLMS、X-滤波 NLMS、ε-滤波 NLMS 进行了理论分析，根据分析结果提出了改进的自适应逆控制，并在此基础上提出了一个自适应逆控制的复合控制策略，从理论角度验证了所提出的复合控制策略的可行性与优越性。最后，采用仿真对本章中的五种自适应逆控制算法进行了仿真和试验验证，结果表明提出的自适应逆复合控制策略的可行性。

参 考 文 献

[1] Li H，Jia Y，Wang S. Theoretical and experimental studies on reduction for multi-model seismic response of high-rise structures by tuned liquid dampers[J]. Journal of Vibration and Control，2004，10（7）：1041-1056.

[2] Ji X D，Kajiwara K，Nagae T，et al. A substructure shaking table test for reproduction of earthquake response of high-rise buildings[J]. Earthquake Engineering and Structural Dynamics，2009，38（12）：1381-1399.

[3] Kim J W，Xuan D J，Kim Y B. Design of a forced control system for a dynamic road simulator using QFT[J]. International Journal of Automotive Technology，2008，9（1）：38-43.

[4] Plummer A R. Control techniques for structural testing：a review[J]. Proceedings of the Institution of Mechanical Engineers Part I：Journal of Systems and Control Engineering，2007，221（3）：139-169.

[5] Severn R T. The development of shaking tables-a historical note[J]. Earthquake Engineering and Structural Dynamics，2011，41（2）：195-213.

[6] Houman G，Gouri S B，Carlos V. Seismic behavior of flexible conductors connecting substation equipment—part Ⅱ：shake table tests[J]. IEEE Transactions on Power Delivery，2004，19（4）：1680-1687.

[7] 关广丰. 六自由度液压振动试验系统控制策略研究[D]. 哈尔滨：哈尔滨工业大学，2007：1-26.

[8] 于慧君. 电液振动试验系统长时间历程复现控制技术研究[D]. 杭州：浙江大学，2009：1-14.

[9] 夏益霖. 多轴振动环境试验的技术、设备和应用[J]. 导弹与航天运载技术，1996，6（221）：52-59.

[10] 张正平，王宇宏，朱曦全. 动力学综合环境试验技术现状和发展[J]. 装备环境工程，2006，3（4）：8-11.

[11] Trombetti T. Experimental Analytical Approaches to Modeling，Calibrating and Optimizing Shaking Table Dynamics for Structural Dynamic Applications[D]. Houston：Rice University，1998.

[12] 夏益霖，吴家驹，李志绩. 多轴低频振动试验技术与设备[J]. 航天出国考察技术报告，1996，1：83-89.

[13] http：//www.mts.com MTS 公司主页.

[14] http：//www.mtschina.com/index.asp MTS（中国）公司主页.

[15] http：//www.teamcorporation.com TEAM 公司主页.

[16] http：//www.bbkco.com.cn/about/AboutBBK 宝克测试主页.

[17] http：//www.servotest.com Servo test 公司主页.

[18] 韩俊伟. 大型地震模拟振动台的研制[D]. 哈尔滨：哈尔滨工业大学，1996：1-65.

[19] http：//wwwcn.saginomiya.co.jp 鹭宫制作所主页.

[20] Ogawa N，Ohtani K，Katayama T，et al. World's largest shaking table takes shapes in Japan-a summary of construction plan and technical develop ment[C]. Ohtani，Keiichi，Nobuyuki Ogawa，Tsuneo Katayama，Heki Shibata，Osamu Nakagawa，and Takeshi Ohtomo. World's Largest Shaking Table Takes Shapes in Japan（The 2nd Report），2001：1-8.

[21] Ohtani K，Ogawa N. Project e-defense introduction of e-defense[C]. Pacific Conference on Earthquake Engineering，2003.

[22] 杨志东. 液压振动台振动环境模拟的控制技术研究[D]. 哈尔滨：哈尔滨工业大学，2009：1-19.

[23] Shao X，Reinhorn A M. Development of a controller platform for force-based real-time hybrid simulation[J].

Journal of Earthquake Engineering，2012，16（2）：274-295.

[24] Zhang J，Gao F，Yu H，et al. Use of an orthogonal parallel robot with redundant actuation as an earthquake simulator and its experiments[J]. Proceedings of the Institution of Mechanical Engineers Part C：Journal of Mechanical Engineering Science，2011，226：258-272.

[25] Guan C，Pan S X. Nonlinear adaptive robust control of single-rod electro-hydraulic actuator with unknown nonlinear parameters[J]. IEEE Transactions on Control Systems Technology，2008，16（3）：434-445.

[26] Wang C W，Jiao Z X，Wu S，et al. Nonlinear adaptive torque control of electro-hydraulic load system with external active motion disturbance[J]. Mechatronics，2014，24：32-40.

[27] Guo K，Wei J H，Fang J H，et al. Position tracking control of electro-hydraulic single-rod actuator based on an extended disturbance observer[J]. Mechatronics，2015，207：48-56.

[28] Yao J Y，Jiao Z X，Ma D W. High dynamic adaptive robust control of load emulator with output feedback signal[J]. Journal of the Franklin Institute，2014，351：4415-4433.

[29] Seki K，Iwasaki M. Adaptive compensation for reaction force with frequency variation in shaking table systems[J]. IEEE Transactions on Industrial Electronics，2009，56（10）：3864-3871.

[30] Kim W，Won D，Shin D，et al. Output feedback nonlinear control for electro-hydraulic systems[J]. Mechatronics，2012，22：766-777.

[31] Plummer A R. A detailed dynamic model of a six-axis shaking table[J]. Journal of Earthquake Engineering，2008，12（4）：631-662.

[32] Zhao J，Catharine C S，Posbergh T. Nonlinear system modeling and velocity feedback compensation for effective force testing[J]. Journal of Engineering Mechanics，2005，131（3）：244-253.

[33] Chase J G，Hudson N H，Elliot R，et al. Non-linear shake table indentification and control for near-field earthquake testing[J]. Journal of Earthquake Engineering，2005，9（4）：461-482.

[34] Shotreed J S，Seible F，Benzoni G. Simulation issues with a real-time，full-scale seismic testing system[J]. Journal of Earthquake Engineering，2002，6（1）：185-201.

[35] Williams D M，Williams M S，Blakeborough A. Numerical modeling of a servohydraulic testing system for structures[J]. Journal of Engineering Mechanics，2001，127（8）：816-827.

[36] Wang S K，Wang J Z，Xie W，et al. Development of hydraulically driven shaking table for damping experiments on shock absorbers[J]. Mechatronics，2014，24（8）：1132-1143.

[37] Nakata N. Acceleration tracking control for earthquake simulators[J]. Engineering Structures，2010，32（8）：2229-2236.

[38] Klimchik A，Chablat D，Pashkevich A. Stiffness modeling for perfect and non-perfect parallel manipulators under internal and external loadings[J]. Mechanism and Machine Theory，2014，79：1-28.

[39] Guan C，Pan S X. Adaptive sliding mode control of electro-hydraulic system with nonlinear unknown parameters[J]. Control Engineering Practice，2008，16（11）：1275-1284.

[40] 魏巍，杨志东，韩俊伟. 基于动力学耦合模型的超冗余振动台解耦控制[J]. 华南理工大学学报（自然科学版），2014，42（4）：124-130.

[41] Shen G，Zhu Z C，Han J W，et al. Adaptive feed-forward compensation for hybrid control with acceleration time waveform replication on electro-hydraulic shaking table[J]. Control Engineering Practice，2013，21（8）：1128-1142.

[42] Plummer A R. A general co-ordinate transformation framework for multi-axis motion control with application in the testing industry[J]. Control Engineering Practice，2010，18（6）：598-607.

[43] Legnani G，Fassi I，Giberti H，et al. A new isotropic and decoupled 6-DOF parallel manipulator[J]. Mechanism and

Machine Theory，2012，58：64-81.

[44] Vaes D，Engelen K，Anthonis J，et al. Multivariable feedback design to improve tracking performance on tractor vibration test rig[J]. Mechanical System and Signal Processing，2007，21（2）：1051-1075.

[45] Song X Y，Wang Y，Sun Z X. Robust stabilizer design for linear time-varying internal model based output regulation and its application to an electro-hydraulic system[J]. Automatica，2014，50（4）：1128-1134.

[46] Yang C F，Qu Z Y，Han J W. Decoupled-space control and experimental evaluation of spatial electro-hydraulic robotic manipulators using singular value decomposition algorithms[J]. IEEE Transaction on Industrial Electronics，2014，61（7）：3428-3438.

[47] Shen G，Zhu Z C，Yu T，et al. Combined control strategy using internal model control and adaptive inverse control for electro-hydraulic shaking table[J]. Proceedings of the Institution of Mechanical Engineers Part C：Journal of Mechanical Engineering Science，2013，227（10）：2348-2360.

[48] Tagawa Y，Kajiwara K. Controller development for the e-defense shaking table[J]. Proceedings of the Institution of Mechanical Engineers Part I：Journal of Systems and Control Engineering，2007，221（2）：171-181.

[49] Ogawa N，Ohtani K，Katayama T. Construction of a three-dimensional large-scale shaking table and development of core technology[J]. Philosophical Transactions of the Royal Society A：Mathematical Physical and Engineering Sciences，2001，359：1725-1751.

[50] 韩俊伟，于丽明，赵慧，等. 地震模拟振动台三状态控制的研究[J]. 哈尔滨工业大学学报，1999，31（3）：21-23，28.

[51] 徐洋. 结构主动控制的鲁棒策略研究[D]. 哈尔滨：哈尔滨工业大学，2006：71-101.

[52] 姚建君. 电液伺服振动台加速度谐波抑制研究[D]. 哈尔滨：哈尔滨工业大学，2007：10-20.

[53] 赵勇. 液压振动台高精度正弦振动的控制策略研究[D]. 哈尔滨：哈尔滨工业大学，2009：1-10.

[54] 关广丰，丛大成，韩俊伟，等. 6 自由度随机振动控制算法[J]. 机械工程学报，2008，44（9）：215-219.

[55] De Cuyper J，Verhaegen M. State space modeling and stable dynamic inversion for trajectory tracking on an industrial seat test rig[J]. Journal of Vibration and Control，2002，8（7）：1033-1050.

[56] Lee S K，Park E C，Min K W，et al. Real-time hybrid shaking table testing method for the performance evaluation of a tuned liquid damper controlling seismic response of building structures[J]. Journal of Sound and Vibration，2007，302（3）：596-612.

[57] Lee S K，Park E C，Min K W，et al. Real-time substructuring technique for the shaking table test of upper substructures[J]. Engineering Structures，2007，29（9）：2219-2232.

[58] Seki K，Iwasaki M，Yasuda K. Adaptive feedforward compensation for reaction force with nonlinear specimen in shaking tables[C]. Proceeding of the 2009 IEEE International Conference on Mechatronic，Malaga，Spain，2009：1-6.

[59] De Cuyper J，Veraegen M，Swevers J. Off-line feed-forward and H_∞ feedback control on a vibration rig[J]. Control Engineering Practice，2003，11（2）：129-140.

[60] Vaes D，Smolders K，Swevers J，et al. Comparison of different multivariable control design methods applied on half car test setup[J]. European Journal of Control，2006，12：307-324.

[61] Qian Y，Ou G，Maghareh A，et al. Parametric identification of a servo-hydraulic actuator for real-time hybrid simulation[J]. Mechanical Systems and Signal Processing，2014，48（1-2）：260-273.

[62] Sadeghieha A，Sazgarb H，Goodarzi K，et al. Identification and real-time position control of a servo-hydraulic rotary actuator by means of a neurobiologically motivated algorithm[J]. ISA Transactions，2012，51（1）：208-219.

[63] Tang Y，Zhu Z C，Shen G，et al. Improved feedforward inverse control with adaptive refinement for acceleration

tracking of electro-hydraulic shake table[J]. Journal of Vibration and Control，2015，1，DOI：10. 1177/107754 63 14567725.

[64] Shen G，Zhu Z C，Li X，et al. Real-time electro-hydraulic hybrid system for structural testing subjected to vibration and force loading[J]. Mechatronics，2016，33：49-70.

[65] Zhao J S，Shen G，Yang C，et al. Feel force control incorporating velocity feed-forward and inverse model observer for control loading system of flight simulator[J]. Proceedings of the Institution of Mechanical Engineers Part I：Journal of Systems and Control Engineering，2012，227（2）：161-175.

[66] 王述成. 振动试验实时控制系统的研究[D]. 杭州：浙江大学，2006：53-70.

[67] 韩军，陈怀海，许峰，等. 基于遗传算法的多振动台随机振动控制方法[J]. 航空学报，2003，24（1）：39-41.

[68] De Cuyper J，Verhaegen M. State space modeling and stable dynamic inversion for trajectory tracking on an industrial sat test rig[J]. Journal of Vibration and Control，2002，8：1033-1050.

[69] 杜永昌，管迪华. 新型汽车道路模拟算法研究[J]. 机械工程学报，2002，38（8）：41-44.

[70] Uchiyama Y，Mukai M，Fujita M. Robust control of electrodynamic shaker with 2DOF control using H_∞ filter[J]. Journal of Sound and Vibration，2009，326（1-2）：75-87.

[71] 梅生伟，申铁龙，刘康志. 现代鲁棒控制理论与应用[M]. 2 版. 北京：清华大学出版社，2008：1-10.

[72] Mianzo L，Peng H. LQ and H_∞ preview control for a durability simulator[C]. Proceedings of the American Control Conference，1997.

[73] Xu Y，Hua H X，Han J W. Modeling and controller design of a shaking table in an active structural control system[J]. Mechanical System and Signal Processing，2008，2（3）：1917-1923.

[74] 徐洋，叶正茂，韩俊伟. 不确定性 AMD 主动控制系统的 μ 综合控制器[J]. 哈尔滨工业大学学报，2005，37（8）：1103-1107.

[75] 威德罗 B，瓦莱斯 E. 自适应逆控制[M]. 西安：西安交通大学出版社，2000：281-285.

[76] Widrow B，Hoff M E. Adaptive Switching Circuits[C]. IRE WESCON Conv. Rec.，1960：96-106.

[77] Salehzadeh-Nobari S，Chambers J A，Green T C. Implementation of frequency domain adaptive control in vibration test products[C]. 5th International Conference on Factory，2000，1997：264-268.

[78] Karshenas A M，Dunnigan M W，Williams B W. Adaptive inverse control algorithm for shock testing[J]. IEE Proceedings：Control Theory and Applications，2000，147（3）：268-276.

[79] Yang Z D，Huang Q T，Han J W，et al. Adaptive inverse control of random vibration based on the filtered-X LMS algorithm[J]. Earthquake Engineering and Engineering Vibration，2010，9（1）：141-146.

[80] 叶凌云. 多轴向多激励随机振动高精度控制研究[D]. 杭州：浙江大学，2006：4-5.

[81] 欧阳军，闫桂荣，王腾. LS_SVM 在随机振动在线自适应逆控制中的应用[J]. 应用力学学报，2007，24（4）：530-534.

[82] Stoten D P，Benchoubane H. Empirical studies of an MRAC algorithm with minimal controller synthesis algorithm[J]. International Journal of Control，1990，51：823-849.

[83] Stoten D P，Gómez E G. Adaptive control of shaking tables using the minimal controller synthesis algorithm[J]. Philosophical Transactions of the Royal Society A：Mathematical Physical and Engineering Sciences，2001，359：1698-1723.

[84] Gizatullin A O，Edge K A. Adaptive control for a multi-axis hydraulic test rig[J]. Proceedings of the Institution of Mechanical Engineers Part I：Journal of Systems and Control Engineering，2006，221（2）：183-198.

[85] Stoten D P，Shimizu N. The feedforward minimal control synthesis algorithm and its application to the control of shaking tables[J]. Proceedings of the Institution of Mechanical Engineers Part I：Journal of Systems and Control

Engineering，2007，221（3）：423-444.

[86] Hillis A J，Neild S A，Stoten D P，et al. A minimal controller synthesis algorithm for narrow-band applications[J]. Proceedings of the Institution of Mechanical Engineers Part I：Journal of Systems and Control Engineering，2005，219（8）：591-607.

[87] 姚建君. 电液伺服振动台加速度谐波抑制研究[D]. 哈尔滨：哈尔滨工业大学，2007：10-20.

[88] Yao J J，Wang L Q，Jiang H Z. Adaptive feed-forward compensator for harmonic cancellation in electro-hydraulic servo system[J]. Chinese Journal of Mechanical Engineering，2008，21（1）：78-81.

[89] Yao J J，Wu Z S，Han J W. Adaptive harmonic cancellation applied in electro-hydraulic servo system with ANN[J]. Chinese Journal of Mechanical Engineering，2004，17（4）：628-630.

[90] Yao J J，Hu S H，Fu W，et al. Impact of excitation signal upon the acceleration harmonic distortion of an electro-hydraulic shaking table[J]. Journal of Vibration and Control，2011，17（7）：1106-1111.

[91] Yao J J，Hu S H，Fu W，et al. Harmonic cancellation for electro-hydraulic servo shaking table based on LMS adaptive algorithm[J]. Journal of Vibration and Control，2011，DOI：10. 1177/1077546310363014.

[92] 奥田幸人，前川明宽，广江隆治，等. 用于振动台的波形控制装置：日本，00126851[P]. 2001-04-25.

[93] Vaes D，Swevers J，Sas P. Experimental validation of different MIMO feedback controller design methods[J]. Control Engineering Practice；2005，13（11）：1439-1451.

[94] Shafiq M. Internal model control structure using adaptive inverse control strategy[J]. ISA Transactions，2005，44（3）：353-362.

[95] Plett G L. Adaptive inverse control of linear and nonlinear systems using dynamic neural networks[J]. IEEE Transactions on Neural Networks，2003，14（2）：360-376.

[96] Plett G L. Adaptive inverse control of unmodeled stable SISO and MIMO linear systems[J]. International Journal of Adaptive Control and Signal Processing，2002，16（4）：243-272.

[97] Kaelin A，von Grünigen D. On the use of a priori knowledge in adaptive inverse control[J]. IEEE Transactions on Circuits and Systems I：Fundamental Theory and Applications，2000，47（1）：54-62.

[98] Gan W S，Chong Y K，Gong W，et al. Rapid prototyping system for teaching real-time digital signal processing[J]. IEEE Transactions on Education，2000，43（1）：432-439.

[99] Shiakolas P S，Piyabongkarn D. On the development of a real-time control system using xPC-target and a magnetic levitation device[C]. Proceedings of the 40th IEEE Conference on Decision and Control，Orlando，Florida USA，2001，2：1348-1353.

[100] 张尚盈. 液压驱动并联机器人力控制研究[D]. 哈尔滨：哈尔滨工业大学，2005：100-110.

[101] Hercog D. Rapid control prototyping using MATLAB/Simulink and a DSP-based motor controller[J]. International Journal of Engineering Education，2005，21（4）：596-605.

[102] Hong K H，Gan W S，Chong Y K，et al. An integrated environment for rapid prototyping of DSP Algorithms using MATLAB and Texas instruments TMS 320C30[J]. Microprocessors and Microsystems，2000，24（7）：349-363.

[103] Huyanan S，Sims N D. Vibration control strategies for proof-mass actuators[J]. Journal of Vibration and Control，2007，13（12）：1785-1806.

[104] 李洪人. 液压控制系统[M]. 北京：国防工业出版社，1990：53-70.

[105] 段虎明，秦树人，李宁. 频率响应函数估计方法综述[J]. 振动与冲击，2008，27（5）：48-52.

[106] Kim H W，Park H S，Lee S K，et al. Modified filtered LMS algorithm for active noise control and its application to a short acoustic duct[J]. Mechanical Systems and Signal Processing，2011，25（1）：475-484.

[107] Cowan C F N，Grant P M. Adaptive Filters[M]. Englewood Cliffs，New Jersey：Prentice-Hall，Inc，1985.

[108] Huebsc J，Albert L，Sandoval R，et al. Tuing an adaptive controller using a robust control approach[J]. International Journal of Control，2009，82（5）：894-909.

[109] Mustafa M M. Trajectory-adaptive digital tracking controllers for non-minimum phase systems without factorisation of zeros[J]. IEE Proceedings：Control Theory and Applications，2002，149（2）：158-162.

[110] Liu J K，He Y Z. QFT control based on zero phase error compensation for flight simulator[J]. Journal of Systems Engineering and Electronics，2007，18（1）：125-131.

[111] Rigney B P，Pao L Y，Lawrence D A. Nonminimum phase dynamic inversion for settle time applications[J]. IEEE Transactions on Control Systems Technology，2009，17（5）：989-1005.

[112] Liu J K，He P，Er L J. Zero phase error control based on neural compensation for flight simulator servo system[J]. Journal of Systems Engineering and Electronics，2006，17（4）：793-797.

[113] Butterweck H J. Steady-state analysis of the long LMS adaptive filter[J]. Signal Processing，2011，4(91)：690-701.

[114] Mojtaba L，Yazdi H S. Modified clipped LMS algorithm[J]. Eurasip Journal on Advances in Signal Processing，2005，8：1229-1234.

[115] Wei P C，Jun H，Zeidler J R，et al. Comparative tracking performance of the LMS and RLS algorithms for chirped narrowband signal recovery[J]. IEEE Transactions on Signal Processing，2002，50（7）：1602-1609.

[116] Widrow B，McCool J M，Larimore M G. Stationary and nonstationary learning characteristics of the LMS adaptive filters[J]. Proceedings of the IEEE，1976，64（5）：1151-1162.

[117] Butterweck H J. A wave theory of long adaptive filters[J]. IEEE Transactions on Circuits and Systems I：Fundamental Theory and Applications，2001，48（6）：739-747.

[118] Chang P H，Cho G R. Enhanced feedforward control of non-minimum phase systems for tracking predefined trajectory[J]. International Journal of Control，2010，83（12）：2440-2452.

[119] Kamenetsky M. Accelerating the Convergence of the LMS Adaptive Algorithm[D]. California：Doctor of Philosophy for Stanford University，2005.

[120] 谷源涛. LMS 算法收敛性能研究及应用[D]. 北京：清华大学，2003：16-18.

[121] Li N，Zhang Y G，Zhao Y X，et al. An improved variable tap-length LMS algorithm[J]. Signal Processing，2009，89（5）：908-912.

[122] Gong Y，Cowan C F N. An LMS style variable tap-length algorithm for structure adaptation[J]. IEEE Transactions on Signal Processing，2005，53（7）：2400-2407.

[123] Zhang Y，Li N，Chambers J A. Steady-state performance analysis of a variable tap-length LMS algorithm[J]. IEEE Transactions on Signal Processing，2008，56（2）：839-845.

[124] 韩华. 基于 LMS 算法的自适应逆控制方法研究[D]. 长沙：中南大学，2008：38-45.

[125] Widrow B，Walach E. Adaptive Inverse Control[M]. Wiley-IEEE Press，2008.

[126] Widrow B，Gregory L P. Nonlinear adaptive inverse control[C]. Proceedings of the 36th IEEE Conference on IEEE，1997.

[127] Widrow B. Adaptive inverse control，applications of artificial neural networks[C]. SPIE，1990：13-21.

[128] 周东华. 非线性系统的自适应控制导论[M]. 北京：清华大学出版社，2002：80-85.

[129] Ocah O，Sezer M E. Robust adaptive sampled-data control of a class of system under structured nonlinear perturbations[J]. IEEE Transactions on Automatic Control，1997，42（4）：553-555.

[130] Vaudrey M A，Baumann W T，Saunders W R. Stability and operating constraints of adaptive LMS-based feedback control[J]. Automatica，2003，39：595-605.

[131] Morgan D R. An analysis of multiple correlation cancellation loops with a filter in the auxiliary path[J]. IEEE

Transactions on Acoustics, Speech, and Signal Processing, 1980, 28（4）: 454-467.

[132] Dimiz P S R. 自适应滤波算法与实现[M]. 刘郁林，等译. 北京：电子工业出版社，2004：10-50.

[133] Du G, Zhan X Q, Zhang W M. Improved filtered-ε adaptive inverse control and its application on nonlinear ship maneuvering[J]. Journal of Systems Engineering and Electronics, 2006, 17（4）: 788-792.